2 缤纷气候

丛 书 主 编　李建中
丛书副主编　谈朗玉　李大东　张令朝
本 卷 主 编　王建国

科普通鉴

KEPU TONGJIAN
BINFEN QIHOU

中国科学技术出版社
河南科学技术出版社

图书在版编目（CIP）数据

缤纷气候/王建国主编．—郑州：河南科学技术出版社，2013.10
（科普通鉴/李建中主编）
ISBN 978－7－5349－6594－4

Ⅰ．①缤…　Ⅱ．①王…　Ⅲ．①气候学－普及读物　Ⅳ．①P46－49

中国版本图书馆 CIP 数据核字（2013）第 227606 号

出版发行：中国科学技术出版社
地址：北京市海淀区中关村南大街 16 号　邮编：100081
电话：（010）62106522
网址：www.cspbooks.com.cn
河南科学技术出版社
地址：郑州市经五路 66 号　邮编：450002
电话：（0371）65737028
网址：www.hnstp.cn
策划编辑：李喜婷　冯　英
统筹编辑：尚伟民　蒋云鹏　徐　涛
责任编辑：冯　英
责任校对：柯　姣
封面设计：赵　钧
版式设计：赵玉霞
责任印制：朱　飞
印　　刷：郑州金秋彩色印务有限公司
经　　销：全国新华书店
幅面尺寸：185 mm×260 mm　印张：12.5　字数：203 千字
版　　次：2013 年 10 月第 1 版　2013 年 10 月第 1 次印刷
定　　价：32.00 元

《科普通鉴》丛书

主　编　李建中

副主编　谈朗玉　李大东　张令朝

序

科技是人类智慧的伟大结晶，创新是文明进步的不竭动力。

回首文明历程，是科技之光涤荡了人类历史上蒙昧的阴霾，是科技之火点燃了人类心灵里求知的火焰，是科技之灯照亮了人类发展中光辉的前程。科学技术的每一次重大突破，每一项发明创造的诞生，都使人类对客观世界的认识发生质的飞跃，都使人类改造世界的能力得到革命性的提升。18世纪后的几百年，是科学技术突飞猛进的历史时期。数学、物理、化学、天文学、地学和生物学等各个领域的研究均取得了空前成就，并引发了一次又一次重大理论革命，其中，最具划时代意义的莫过于牛顿力学、相对论和量子力学的创立。与此同时，深刻改变人类生存状态和生产、生活方式的发明创造也纷纷问世。在不计其数的发明、发现中，蒸汽机、电话、火车、汽车、医用X光片、青霉素、DNA双螺旋结构、火箭、阿波罗10号太空舱、计算机等无疑是改变世界的重大发明、发现与创造。

放眼新的世纪，科技已经成为推动经济社会快速发展的主导力量和创造社会财富的主要源泉，成为国家间、区域间竞争的核心和推动未来发展的决定性力量。为了在竞争中取得优势地位，各国、各地区，特别是发达国家及地区都高度重视科技创新和发展。在此背景下，全球创新浪潮此起彼伏，科技发展日新月异，创新成果大量涌现。人类基因组序列图完成、细胞重新编程技术、人类最早祖先确定、宇宙存在暗物质的猜想被证实、干细胞研究的新进展、纳米技术研究的新突破、欧洲强子对撞机启动、人类探测器创最远纪录和七大数学难题之一——庞加莱猜想被证明等被认为是近十年来取得的最具科学价值，并可能对人类生存与发展产生重大影响的重大科技成就。

在人类文明的历史长河中，科学技术虽然得到了空前发展，取得了辉煌成就，但在前进的道路上依然有无数难题等待我们去破解，众多未知世界等待我们去认识。随着人口数量的急剧增加，自然资源的逐渐枯竭和生态环境的日益恶化，人类正面临前所未有的生存挑战和危机。毫无疑问，应对挑战、解决危机，只有依靠科技的不断创新与发展。在可以预见的未来，为了拓展生存空间，提高生存质量，必将掀起一场以信息科技革命为先导、新材料科技为基础、生命科技为核心、新能源科技为动力、海洋科技和航天科技为内拓和外延的新的科技创新浪潮。伴随新一轮科技创新浪潮的到来，新的发明创造也必将与日俱增。有科学家预言，未来百年，人体器官克隆再造、灭绝动物复活、战胜癌症、建造星际飞船和太空电梯等梦想可能变为现实。

当前，亿万中华儿女正在为实现中华民族伟大复兴的“中国梦”而努力奋斗。实现这一百年梦想，关键在于弘扬创新精神，增强创新能力，加快创新步伐，让科技之花在创新中萌芽，在创新中成长，在创新中绽放。

发达国家的经验昭示我们，加快科技创新，提高科技水平，既要依靠科技精英们的刻苦攻关，发明创造，也有赖于公民科学素质的普遍提高。有调查显示，我国公民的科学素质水平较发达国家差距甚大，与走中国特色的自主创新之路、建设创新型国家的要求相去甚远。为尽快提升我国公民的科学素质水平，从2006年起我国启动了旨在推动公民科学素质建设的全民科学素质行动计划，希望到2020年，公民科学素质在整体上有大幅度提高，达到世界主要发达国家21世纪初的水平。

科普图书是展示科学技术的重要窗口，是普及科技知识的重要载体，也是传播科技文明的重要途径。国内外都十分重视科普图书的创作出版。在琳琅满目的科普图书作品中，不乏影响深远的精品力作。这些作品为传播科技文明、普及科学知识做出了历史性贡献。时代在进步，科技在发展。紧跟时代步伐，把握科技动态，繁荣科普创作，不断创作出版符合时代特点、反映当代科技发展水平的科普图书精品，不仅是加强公民科学素质建设，提升公民科学素质的迫切要求，也是科技界有识之士的共同心声。

科学技术协会是新中国科普事业的主要开创者和推动者。在开展公民科学素质建设，提高公民科学素质水平的历史进程中，肩负着重要责任和神圣使命。我们组织编写的这部《科普通鉴》丛书既是履行"责任"和"使命"，也是对科技界有识之士呼声的积极响应。

20世纪中叶以来，科学技术进入了多科交叉、互为渗透、综合发展的历史时期，形成了学科林立、知识纷繁的新格局。面对浩如烟海的科学世界，如何确定这部书的编写原则和选题范围是应当首先解决的问题。经与有关专家学者反复研究论证，我们确定了"通览科技文明，鉴取创新精粹"的编写原则，并确定从理、工、农、医和高新科技五大领域中选取26个公众关注度较高的热点选题，按26卷组织编写这部丛书。

面向具有中等以上文化程度的青少年、农民、城镇劳动者、城市社区居民、领导干部和公务员等重点人群，弘扬科学精神，传播科学思想，倡导科学方法，普及科学知识是编写本书的出发点和根本目的。考虑到读者对象年龄、职业、身份的多样性和对知识需求的差异性，本书着重介绍具有基础性、通用性、新颖性和前瞻性的知识，读者可以根据自己的需求或兴趣进行阅读；在阐述方法上尽可能做到重点突出，脉络清晰，尽可能融入人文精神，体现人文情怀，避免科技知识的简单介绍和罗列；在语言风格上力求文笔流畅，深入浅出，生动活泼，雅俗共赏，以达引人入胜的效果。

选择高水平的主编是编好这部丛书的关键。为此，我们发挥科学技术协会学会众多，学科齐全，人才荟萃，联系广泛的优势，面向省内外征集各卷主编候选人。最后经全面比较，优中选优，确定了各卷主编人选，为本书的编写出版奠定了坚实基础。在此我们谨向为本书主编遴选、编写、出版给予大力支持的河南省医学会、气象学会、农学会、地理学会、地震学会、地质学会、机械工程学会、反邪教协会和省气象局、郑州大学、河南大学、河南农业大学、河南工业大学、河南科技大学、河南中医学院、河南科技学院、河南轻工业学院、《太空探索》杂志社、河南科技报社、河南科技活动中心、中国科学技术出版社、河南科学技术出版社等学（协）会和单位表示诚挚的感谢！

作为一部多达26卷的大型科普丛书，其涉及领域广，学科多。在内容上为了尽可能避免交叉重复或矛盾冲突，在体例和语言风格上为了尽可能保持相对统一，我们制订了较为详细的编写方案，对各卷的内容范围和全书的体例风格做了必要界定和规范。但是，由于我们学识水平有限，统筹协调不够，编写时间仓促，加之一些担任主编的同志是首次承担科普类作品的编写任务，缺乏相应经验，所以，虽然付出了大量心血，个别卷仍然存在内容取舍不够得当，语言风格不够生动活泼等问题。这些缺憾，我们将在再版重印时加以修订改进。诚恳希望广大读者对本丛书的修订改进提出宝贵意见和建议，以便再版时提高质量。

河南省科学技术协会主席、党组书记　李建中

2013年6月

目 录

引言

日常生活中，我们几乎每天都要碰到“天气”、“气候”、“气象”这3个词。然而，天气、气候 、气象的确切含义是什么，它们有什么区别，可能大家往往不甚清楚，甚至还会将其混为一谈。其实三者的含义既有着较大的区别，又有密切的联系。天气是指某个地方距离地表较近的大气层在短时间段内的具体状况，也可以说是影响人类活动瞬间气象特点的综合状况。气候是大气物理特征的长期平均状态，是一个地方几十年、上百年，甚至更长时间的天气所表现出的特征。气象是指发生在大气中的风、云、雨、雪、霜、露等物理现象。

人类古往今来无不打上人类与气候关系的烙印。自从人猿相揖别，黄河流域留下了上古先民前赴后继、寻求与大自然和谐的足迹。远古的天文、气象没有分家，天文学实际上包括天文与气象两门科学，自然科学是从最原始的气象和天文学发展起来的。先秦文化中与的《诗经》《易经》《夏小正》《逸周书》《竹书纪年》《淮南子》《竹谱》等，均有物候、气候和气象的内容。

安阳殷墟出土的甲骨文记录有华夏历史上最早的“远古天气预报”，甲骨文字里有不少远古气象文化，成就了气象雏形。商代第20位国王盘庚迁都殷墟后，算是开启了华夏农耕文明，农耕文明早期，黄河流域形成的二十四节气是世界气象史和天文史上的奇迹。位于河南省登封市东南告成镇的观星台，是华夏古代测量日影，验证四时和计年的人文遗址，南侧是周公测景台，据说3000多年前的周公姬旦曾在这里研究天文的圭和表，比建于公元前2世纪的希腊亚历山大天文台和罗得斯观星台还要早800余年。另外还有新郑裴李岗文化、渑池仰韶文化、红山文化、良渚文化等，无一不与气象文化相关联。

堪称古代军事气象大家的吕尚，曾强调常规战法、特殊战术都离不开气象条件，军事统帅和指挥要充分利用气象环境和天气变化，还为二十四节气的形成做出过不朽的贡献。春秋时期的管仲认为“春夏秋冬，阴阳之推移也”，曾把气象知识应用于拓荒开垦、农业抗灾、土地开发，并把气象条件用于军事征伐，提出了著名的“天时、地利、人和”政治军事观点，所著《管仲》一书，有大量气象、天文、历法、农业等科学知识。此外，还有老子、庄周、张衡等数不胜数的先贤关注气象科学。

人类发展的同时，地球气候也在一刻不停地变化，其影响是多角度、全方位、多层次的，正面和负面影响并存。从世界气候带、季风气候和雨季干季，到多种多样的气候，人类在不断地探索研究季风、海洋、大陆、草原、沙漠、高原、高山，以及带有地域特色的气候特点和成因，研究地形影响气温与降水，研究气候变化与人类活动。

随着工业化的快速发展，人类大量使用煤、石油等化石燃料，创造了巨大的物质财富，但同时也制造了大量污染物和温室气体，导致气候变暖问题越来越突出，气候变化和极端天气、气候事件接连发生。中国天山冰川的消失和西部沙漠的东进，撒哈拉沙漠的扩展，古埃及文明、巴比伦文明、印度河文明、玛雅文明、楼兰古国的先后消亡警示着人类。天气、气候和气候变化问题不仅是科学问题，也是环境问题，而且与政治、经济、国防及人民生活等密切相关，关乎着人类的生存。

地球上的生物包括人类都必须承担气候变化的后果，人类社会不得不开始反省、认识，并采取科学的措施，积极行动，减少对环境的污染和对生态的破坏。

1　地球气候的变迁

如果不是科学技术的进步，人类根本无法确认自己竟然是生活在一个球形的星体上。当麦哲伦的船队环绕地球一周后，人们才普遍承认地球是个球体；当人造地球卫星升上太空后，人们才第一次看到了地球母亲的模样。

从太空看地球，大气层就像一层薄纱，白色的云层映衬在蓝色的海洋和绿黄相间的陆地上。地球是一个水的星球，海洋占了全球面积的71%，而正是这广袤无垠的海洋，给地球带来了勃勃生机。地球大气形成了稳定的成分，主要是氮气和氧气，容积含量分别为78%和21%，其余还有一些微量的稀有气体，包括氩气、二氧化碳、氖气、氦气、氪气、氙气、臭氧等。在干洁空气中，对人类活动和天气变化有较大影响的气体为氧气、氮气、二氧化碳和臭氧。有了地球大气，也便有了地球气候，地球气候始终处于变化之中，从来没有停止过。

人类诞生于地球，成长于地球，与地球母亲相依为命，在地球上创造了古代与现代辉煌的文明。人类最初接触到、感受到和需要认真适应的，主要是自然界里的风云变幻。人类历史包含着人类与大自然关系的历史，人类要想适应大自然，与大自然达到和谐，就要认识大自然的规律，从而取得人类自身的进步和发展。

史前人类对气候变化只能是本能地适应。进入农耕文明时期，人类有了产业，才开始积累气候知识，而这些知识多是表象的、感性的和零散的。随着农耕文明的发展，气候知识丰富了，并逐渐系统化。这个萌芽期相当漫长，直至有了系统知识并发展到理论性的概括，气候学才算初步具有了科学形态。

地球气候虽然缤纷万象，但却异常脆弱。当古文明先后消亡，当气候灾难一次次发生，地球人类不得不蓦然回首，睁大惊恐的眼睛，去关注、发现、掌握气候的无常变化。

1.1 破解气候密码

自从有了地球，便有了气候，气候与地球不弃不离。如果给“气候”下个定义，那么，它其实就是地球上某一地区多年时段大气的一般状态，是该时段各种天气过程的综合表现。气象要素（温度、湿度、降水、风向、风速等）的各种统计量（均值、极值、概率等）便是表述气候的基本依据。

地球大气

有人这样形容说：地球和太阳，就像浩瀚的宇宙太空中一对永远不知疲倦的恋人，在旁若无人地跳着情侣舞。充满活力和热情的太阳，就在这亲疏远近的步伐变换中，向美丽的地球“暗送秋波”，给她带来无限风光和万千气象。

人会感冒，一感冒就发冷发热。地球也一样，并不是在恒定的温度中度过的，它也有“感冒”的时候。真应了这样一句话：天下气候，冷后必热，暖后必寒。地球，就是在这种冷暖变化的交替中，走过了它46亿年的“球生”。

1.1.1 地球大气的形成

地球大气的形成，那是非常非常久远的时候了，久远到需要用“亿年”作时间单位。

46 亿年前，在茫茫的大气宇宙中，围绕在太阳周围的一团原始星云，由于万有引力的作用，逐渐形成了矿物颗粒。后来，这些颗粒慢慢冷凝，我们可爱的地球，便具备了其原始模样，成了太阳系大家族中的一员。当由少到多、由弱到强的矿物颗粒铺天盖地尘埃落定的时候，地球诞生了。

我们知道，这样的介绍是有点过分简单也有点过分抽象了。可是真的没办法，孕育一个人的生命都那么复杂，孕育一个星球的生命肯定简单不了。何况，未知的成分那么多。但可以肯定地说，有了地球，就有了气候，气候是伴随着地球而来的。“气候”和“气象”并不是一回事，在《科学通鉴》的另一本书《多姿气象》中，还会详细阐述气象的来龙去脉。

我们的祖先虽然很早的时候就对气候开始注意并适度利用了，但追根寻源，“气候”一词却是外国人创造的，它源自古希腊文，意为倾斜，指各地气候的冷暖同太阳光线的倾斜程度有关。由于太阳辐射在地球表面分布的差异，以及海洋、陆地、山脉、森林等不同性质的下垫面在到达地表太阳辐射的作用下所产生的物理过程不同，使气候除具有温度大致按纬度分布的特征外，还具有明显的地域性特征。按水平尺度大小，气候可分为大气候、中气候与小气候。大气候是指全球性和大区域的气候，如热带雨林气候、地中海型气候、极地气候、高原气候等；中气候是指较小自然区域的气候，如森林气候、山地气候、湖泊气候以及城市气候等；小气候是指更小范围的气候，如贴地气层和小范围特殊地形下的气候。

气候是在不断变化的。自从地球诞生后，这种变化就没有停止过。引起地球气候变化的原因很复杂，但主要还是因为地球是在不断转动的。它不但在自转，同时还以一定的倾斜角度围绕着太阳公转。这种倾斜尤其重要，我们不得不佩服古希腊人创造“气候”一词的含义。

地球在冷暖变化的交替中走过了46 亿年的“球生”。46 亿年，是大多数专家确认的地球年龄。由于这个时间太久远了，久远得连科学家也想象不出用什么方式来表达，就只好要求人们发挥自己的想象力了。

1.1.2　地球年龄的“时间标尺”

对于地球早期的气候，一般是根据地质年代来划分的。科学家对地球制定出了一个记载时间的标尺，这样叙述起来就比较条理清晰了。

一般说来，我们把46亿年至38亿年前称为地球的最初发展阶段，等它慢慢成型后，便把其发展分为4个代：元古代、古生代、中生代和新生代。

元古代　距今38亿年至8亿年。

古生代　距今8亿年至2.3亿年。它又分为震旦纪、寒武纪、奥陶纪、志留纪、泥盆纪、石炭纪和二叠纪。

震旦纪，距今8亿年至6亿年。

寒武纪，距今6亿年至5亿年。

奥陶纪，距今5亿年至4.4亿年。

志留纪，距今4.4亿年至4亿年。

泥盆纪，距今4亿年至3.5亿年。

石炭纪，距今3.5亿年至2.8亿年。

二叠纪，距今2.8亿年至2.3亿年。

中生代　距今2.3亿年至7000万年，它又分为三叠纪、侏罗纪、白垩纪。

三叠纪，距今2.3亿年至1.95亿年。

侏罗纪，距今1.95亿年至1.4亿年。

白垩纪，距今1.4亿年至7000万年。

新生代　距今7000万年至今，又分为早第三纪、晚第三纪和第四纪。

早第三纪又分为古新世、始新世和渐新世。

古新世，距今7000万年至6000万年。

始新世，距今6000万年至4000万年。

渐新世，距今4000万年至2500万年。

晚第三纪又分为中新世和上新世。

中新世，距今 2500 万年至 1000 万年。

上新世，距今 1000 万年至 200 万年（或 300 万年）。

第四纪又分为更新世和全新世。

更新世，距今 200 万年（或 300 万年）至 1 万年。

全新世，距今 1 万年至现在。

1.1.3 冰期时代

前面我们说过，地球也像人一样会发冷发热，但地球的每一次变冷，时间都十分漫长，漫长到无法用“年”来作时间单位。“冰期”和“间冰期”，就是依据地球气候所划分的地质时间单位。

自从距今 46 亿年地球形成以后，地球上的气候经历了漫长而剧烈的变化，全球规模冰雪覆盖的扩展和退缩相互交替，有时大陆上覆盖着很大面积的冰原和冰川，气候寒冷，这一时期便称为冰期（又称大冰期）；介于两个冰期之间的比较温暖的时期，冰川消融退缩，称为间冰期。

地球形成以来，共经历了大约 5 次大冰期：震旦纪大冰期（距今 23 亿年）、寒武纪至石炭纪大冰期（距今约 6 亿年）、石炭纪至二叠纪大冰期（距今 3 亿 ~ 2 亿年）、三叠纪至第三纪大冰期（距今 300 万 ~ 200 万年）和第四纪大冰期（距今 2 万 ~ 1 万年）。在每个大冰期和间冰期，由于受冰川退缩的影响，还出现了亚冰期和亚间冰期。

第三纪的主要气候特征是：中纬度地区气温缓慢降低，大约距今 1400 万年，地球气温急剧下降，在南极首先出现了冰盖。距今 250 万年，冰岛出现过山岳冰川，紧接着北半球高纬度地区也形成冰盖。

第四纪大冰期从距今二三百万年前开始直到现在，以极地冰川和中高纬度地区的山岳冰川的覆盖为主要特征，因此又称为第四纪大冰期。那时候地球究竟是什么状况呢？科学家这样描述：地球的年平均气温比现在低 10 ~ 15℃，全球有 1/3 以上大陆为冰雪所覆盖，像俄罗斯的莫斯科、美国的纽约和德国的柏林等世界著名大城市的现在所在地，均被厚厚的冰雪覆盖着，冰川面积达 5200 万平方千米，冰层厚度为 1000 米左右，海平面下降 130 ~ 140 米。地球遭受的灾难真是太沉重了，作为地球人类，我们都应当怀着虔诚的心情向它致敬。好在大自然还能高抬贵手，有将近2/3的大陆没有被这厚厚的冰层覆盖掉，不少植物依然在冰川的夹缝里存活了下来。

我们之所以能够部分地还原地球气候变化的历史，是因为气候的变化在地球上留下了它的痕迹。离我们最近的第四纪冰期留下的痕迹比较多：斯堪的纳维亚半岛的峡湾，北欧、中欧、北美众多的冰碛残丘，阿尔卑斯山的U形谷和陡峭的山峰，法国和瑞士交界处侏罗山巨大的冰漂砾等，都是那时候留下的产物。

中国由于地处中低纬地区，第四纪冰期影响范围有限，何况当时冬季风加强，气候以干冷为主，降水稀少，不利于冰川的发育。因此，在第四纪冰期考察中，中国除了青藏高原等西部高山和高原地区的冰川曾有大幅度扩张以外，东部地区真正的古冰川遗迹发现并不多。但是，在气候变化的作用下，当时中国的地理和自然环境也发生了巨大变化：最明显的是，东北兴安岭森林中的多年冻土有了很大扩张，直抵长城一线；华北变成了干草原，黄土沉积一直分布到南京一带；东海大陆架几乎全部露出海面，中国台湾与大陆相连；喜冷动物群如猛犸与披毛犀则向南分布得更远，到达长江口一代；海平面下降将近140米，古海岸远离现代海岸达600多千米。

现在，我们就处在第四纪冰期中一个相对温暖的阶段，也就是间冰期。

有人这样形容：大气层就像地球的贴心丫鬟，在太阳“张生”和地球“莺莺”之间，充当了机智聪慧的“红娘”。太阳向地球所传递的“秋波”，也即太阳辐射，就是通过大气层“红娘”的帮助，才成功到达地球表面的。与太阳“两情相悦”的地球，对太阳“传递”的“爱情信息”自然不会无动于衷，于是投桃报李，相应地向外放出辐射。大气层“红娘”是个有心智的姑娘，对放出的这些辐射并非无条件尽情传递，而是精挑细选，将其中的长波辐射留下来，而把其他辐射送入了太空。正是由于这“情商颇高”的大气层，地球表面才没有像太阳系的其他行星那样板着面孔、冷若冰霜，而是变得温暖适宜、亲切可人。而地球与太阳之间的亲密关系，也才能保持得如此天长地久。

1.2 气候变化与人类诞生

1.2.1 人类进化的过程

每个民族都有自己创世的传说，诸如人类产生的传说，与洪水、干旱斗争的传说。古代西方传说上帝创造了亚当，又用亚当的肋骨创造了夏娃；古代中国传说是女娲用黄土创造了人。从科学角度来说，这些传说都是无稽之谈，但也确实反映了人类认识自身愿望的史实。

认识自身，一直是我们的祖先孜孜不倦的追求。但认识自身，首先需要弄清环境和时代背景。中国古代有许多关于初民的传说，如盘古开天辟地、女娲炼石补天以及“三皇”时的传说，表明人们一直对探索人类起源、发展及其条件有浓厚的兴趣。虽然有不少猜想和推测，但还不是科学。

说来也许你难以置信，真正把人与自然界区别开来、科学地认清人类在自然界中的位置，也只不过是近一二百年的事情。1809 年，法国博物学家、生物学伟大奠基人之一的拉马克，提出高等动物起源于低等动物，人类起源于类人猿。真是石破天惊，举世震惊，因为这个观点振聋发聩，前所未有。

对事物的认识往往就是这样，一旦找到了突破口，思路就会像冲决地壳的岩浆，喷薄而出。

（法）拉马克（1744 – 1829）

生物学伟大的奠基人之一，最先提出生物进化学说，进化论的倡导者和先驱。

英国生物学家、进化论的奠基人罗伯特·达尔文乘坐贝格尔号舰进行了历时 5 年的环球航行，在对动植物和地质结构等进行了大量的观察和采集后，于 1859 年出版了《物种起源》这一划时代著作。书中用大量资料证明了所有的生物都不是上帝创造的，而是在遗传、变异、生存斗争和自然选择中，由简单到复杂、由低等到高等不断发展

从猿到人

变化的，提出了生物进化论学说，从而摧毁了唯心的“神造论”和“物种不变论”。

紧接着，英国著名博物学家赫胥黎于1863年在《人类在自然界的位置》中，用事实证明了人猿同祖。这种观点令世人侧目，无疑是对达尔文学说的有力支持。

恩格斯对达尔文的“进化论”给予了高度评价，认为是19世纪自然科学的三大发现之一。但是他认为，这些学说虽然找到了人类的根底，但是还没有把问题最终阐释清楚，特别是对人类产生的条件还没完全找出来。1876年，恩格斯在气候创造了人类的大背景下，提出了“劳动创造了人”的著名论断。按照这一论断来研究人类的产生和发展，我们便可以拨开迷雾，弄清楚气候对人类进化的重要影响。

让我们根据这种思路，去追踪远古时候人类起源的种种气候踪迹吧！

大约距今3500万年，地球上出现了猿类。

大约距今2500万年，出现了人科，称为“前人”，相当于腊玛古猿的阶段，从此开始了“人猿相揖别”的漫长过程。

说它漫长，是因为这个过程整整延续了2200多万年，直到距今300万年。

“前人”的特点是只会使用天然工具，其社会组织称为“原始群”。

真正被称之为“人类”的历史，开始于300万年前的早期猿人。又经过200多万年，进化到晚期猿人，直到距今30万年，从猿到人才完成了它的全过程。

1.2.2　人类起源的谜底

人类进化的谜底找到了，但究竟是从哪儿起源的呢?

达尔文最先提出在非洲。19世纪末，印度尼西亚的爪哇发现了直立猿人化石；20世纪20年代中国又陆续发现了大量北京猿人化石和石器，于是20世纪前半叶人们又开始相信人类起源于亚洲。20世纪60年代以来，南非、东非又先后发现了比猿人更古老的南方古猿化石，于是非洲起源说再度变得十分流行。就这样转了一大圈，又回到了原来的坐标上。究竟孰是孰非，依然没有定论。

气候学家认为，解决这桩公案的好办法，就在于分析人类发展的气候条件。

几百万年以前的古生物资料表明，在那些遥远的时代里，大洋洲是没有高等哺乳动物的，即使是南极洲，最高等的动物也只是鸟类，美洲也只有低等的猴类。所以这些地方都不可能是人类的发源地。能入选的只有亚、非、欧三大洲广大地区，因为这些地方都发现过第三纪中新世及其以后的猿类化石。

从理论上说，人类在掌握用火和学会用衣物御寒之前，总是要生活或居留于气候较温和的地方。因此可以说，早期的人类，必定是在较热的地方发展起来的。欧洲纬度较高，温度较低，气候不适宜早期人类居住。只有亚洲和非洲拥有广阔的热带丛林和草原地带，具有人类发展的适宜的气候环境。所以，人们最后确信人类起源于亚洲和非洲纬度较低、气候较热的地带。

有人认为不可能，因为浩瀚的大洋大海，阻断了人类前进的步伐。考古学家说，现在是这样，但古代并非如此。大约1800万年前的时候，非洲与欧亚大陆之间有宽阔的接触地带。直到距今600万~500万年，地中海盆地和红海才开始泛滥成海，两个大陆才隔离开来。人类早期的祖先腊玛古猿见于中国、印度、巴基斯坦和非洲，正表明人类起源地十分广泛。

中国“人猿相揖别”的地方，现在已知的都在云南省。因为我们从大量的文物发掘中，已经可以看到云南发生的由猿进化成为人的全过程，这是别的地方所没有的。

中国云南的开远森林，在第三纪始新世和渐新世时，气候炎热，雨量充沛，森林茂密，地面被绿色覆盖着，一派生机盎然。古猿生活的森林里，有足够的食物供它们享用。随着渐新世的结束，良好的自然气候环境也走到了一个终点。气候变坏使一望无际的莽莽森林，间断成一片一片可以望到尽头的丛林，而在这一片一片可以望到尽头的丛林之间，便形成了一片一片的广袤的草原。舒适的环境没有了，成群成群的古猿不得不走出森林，活跃于开阔的林间地带，开始了向人的方向走去，进入亦猿亦人的漫长过程。

事实上，如果没有严酷的环境逼迫，如果气候不发生大的变化，古猿们大约是不会向人类转化的。由于生命的惰性，它们未必肯走出舒适的森林来。所以，把猿推往人类方向发展的第一个因素应该是气候变化。

但气候究竟是如何变化的，至今存在着不同的说法。

流行的说法是：气候突变，森林大片毁灭，从而迫使古猿来到地上。有专家分析，气候变化有一个渐进过程，如果真有气象条件突变造成大片森林毁灭，那么古猿也难以逃脱随森林一同毁灭的命运。大的气候突变只能造成林猿俱毁，而不是古猿独独走出森林。还有一种说法，认为是冰川作用使古猿走出森林。可是新生代的冰川是从第四纪才开始出现的，在“人猿揖别”的第三纪，还没有冰川出现呢。

比较合理的解释是：由于气候的变迁，森林面积逐渐缩小了，森林也变得稀疏了，而树与树之间的空隙也随之扩大，这就为古猿到地下活动创造了条件。由于森林逐渐缩小，林中食物来源也就越来越匮乏。于是，逼迫着古猿们经常需要从一片树林转移到另外一片树林去生活。而地上各种类型的食物，对他们也是个很大的诱惑，常常吸引他们从树上走下来。这样，他们便逐步地学会了走到地面营建生活。

根据现有材料分析，中生代白垩纪末期气候曾经变坏，但到第三纪初期已明显好转，这种良好的气候一直保持到猿类出现的渐新世，才开始出现全面的气候变坏的趋势。到上新世末期，气候坏到了极点，致使极冰向南扩展，这是第四纪一系列冰期和间冰期的先声。但这时人类早已诞生，接受过多次严酷气候变化的锻炼了。

宇宙是不平静的，地球内部也是不平静的。

地质学史的成果告诉我们，从第三纪中期开始，地球内部出现了骚动，全球规模的造山运动开始了。本来比较平坦的大地和海洋，开始有了较高的山地隆起。在古猿走出森林的中新世，正逢造山运动十分活跃地进行。地球上许多地方都发生了断层和上升运动，形成了世界上著名的喜马拉雅山脉、阿尔卑斯山脉、安第斯山脉和落矶山脉等，在非洲则出现了壮观的东非大裂谷。大量的火山爆发和山脉隆起，不仅改变了地球的外观，而且造成了气候的巨大变化和震动。

古猿们虽然被迫放弃森林，走到了地面营建生活，但并没有使它们过分难堪。猿类的杂食性，使它们能够适应气候环境的巨大变化；猿类的群居性，反而导致他们向人类社会发展奠定了基础。古猿在树上生活时，两只手的用途是采摘果子和行动，手脚虽有分工，但脚仍能抓握树干和树枝，这种分工其实并不是太明确。改营地面生活后就不一样了，手除了用于获取食物外，还要拿起石头、木棍和兽骨之类作武器，来防御敌害。这样，手的用处便慢慢扩大了。由于站立行走，手和脚的分工进一步明确。

1.3 农耕文明与二十四节气

1.3.1 农耕文明的曙光

距今300万~100万年，经历了大自然中的风霜雨雪，人类进入猿人类时代。人类学会了在大部分气候环境下生活，分布在可以居住的地面上，从原来居住的炎热地带，迁移到比较冷的、在一年中有春夏秋冬的地带后，就产生了新的需要，需要有衣服和房屋来抵御寒冷和潮湿，需要有新的劳动领域以及由此而来的新活动，后来又从物质的需求发展到物质和精神的多种需求，这就使人离普通动物愈来愈远了。

1965年，考古学家在云南省元谋县发现了元谋人遗址。经考证，元谋人生存于大约距今170万年，是目前发现的亚洲最早的原始人类。它属于晚期猿人，但早于“蓝田人”和“北京人”等猿人。元谋人能够制造骨器、粗糙的石斧和其他简单的工具，从事原始的农业生产活动，并且已经会使用火，是目前所知最早的用火人。在发现元谋人化石的地层中，人们发现了很多炭屑，而且含炭层厚达 3 米多。人工取火的发明，在人类历史的进程中具有重要意义，它使人类告别了茹毛饮血的时代。

距今 100 万 ~ 20 万年，中华大地上繁衍生息的人类已经很多，生活于距今 50 万年的“北京人”则是这个时期人类的典型代表。从猿人进化成的“北京人”，已经完全能够驾驭自然火，虽然尚不能创造火，但已学会使用、控制和保存火。从此以后，人类高举火把前进，寒冷、黑暗、潮湿、毒虫、猛兽这些威胁人类身体和心灵，造成损害与恐惧的气候灾害和自然势力，便都在人类的熊熊火光面前退却了。人类有了抵御自然风雨、克服寒冷气候的武器，生存范围日渐扩大，逐步发展形成定居生活，从而使人类从食物的采集者变为食物的生产者，这是生产力的第一次飞跃，人类开启了农耕文明。

据北京大学严文明教授考证，中国农业的历史几乎与中国历史同样悠久，勤劳的中国人民用自己的智慧创造了光辉灿烂的农业文明，使中华民族繁衍生息，使中华文明薪尽火传。世界上三个主要的农业起源地，就有一个在中国。

这三个农业起源地一个在西亚，就是现在的伊拉克及其周围地区。这个地方是小麦与大麦的起源地，也是绵羊和山羊的起源地。这种农业叫作有畜农业。这种农业发展到一定阶段，便产生了两河流域的文明，就是古苏美尔、阿卡德和后面的巴比伦。这种农业传到尼罗河流域，产生了古埃及文明；传播到印度河流域，产生了古印度文明。

第二个就是中国，是小米和大米的起源地。小米是指粟、黍，主要在黄河流域起源和发展，后来成为中国北方的主要农作物。北方现在主要的谷物是小麦，而小麦又是从西亚传过来的，并非中国原生。1993 年，考古学家袁家荣在湖南道县的玉蟾岩考古发掘时，发现了两粒 1 万年前的稻子，同时还有硅酸体，这为中国长江流域是稻作农业的起源地找到了证据。所以中国是两种农业的起源地——北方是以小米为主的农业，南方是以稻作农业为主的农业起源地。

第三个是在美洲，美洲是玉米的起源地。我们现在种植的玉米，是在明代才传过来的。美洲的农业是无畜农业，没有家畜。它以玉米为主体，还有南瓜和豆类。

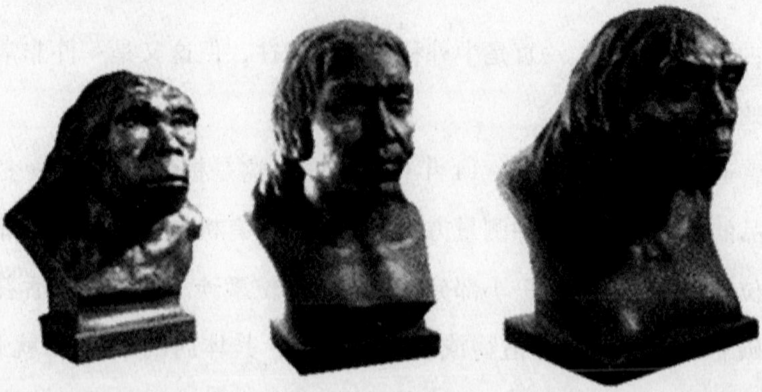

蓝田人复原头像　山顶洞人头部复原像　北京人头部复原像

农耕文明的标志是长期从事农业生产，以个体劳动为主，社会还未形成一种长期固定的专门机构。

中国在夏王朝建立之前，距今 5000 年前后，一些发展较快的区域已经出现早期国家，并形成初期文明社会。气候环境使得黄河流域成为最适宜人类生存繁衍的风水宝地，形成了古华夏的农耕文明。但农耕文明较之于游牧文明和工业文明，仍具有质的不同。农耕相对于游牧的好处是，能大幅度提高生产力，从而产生了剩余价值，这样才会有一部分人去想、去做吃饭穿衣之外的事情。

在长期的农业劳动中，人类最初感受到、接触到和急需要认识的，首先是自然界里的风云变幻。因为古代的农业，基本上就是靠天吃饭。这样，便逼迫着人类去认识自然，同自然保持和谐相处。正因为这样，天文学和对物候的观察便应运而生。

远古的天文学实际上包括天文与气象两门科学，古代天文、气象没有分家，自然科学也是从最原始的气象学和天文学开始发生和发展起来的。原始人类早期对物候现象——鸟兽活动、草木发芽开花结果的观测，多数是无意识的活动。人们开始想办法确定季节、进行物候观测的时候，已经成为有意识地、自觉地、有目的地认识自然，从而开始科学活动。

人类被动地受大自然驱使的历史，比有意识地认识大自然的历史要漫长得多。

1.3.2 研究古气候的钥匙

揭开古气候的面纱，一直是中外科学家的向往，但这又是一件非常复杂、非常不容易的事情。

现在普遍使用的方法是碳－14 年代测定法，这是根据碳－14 衰变的程度来计算出样品的大概年代的一种测量方法。在活着的有机物体内，有一部分碳元素为稳定同位素碳－12，还有一小部分是放射性同位素碳－14。生物活着时通过呼吸来补充碳－14，而当某种植物或动物死亡后，其体内的碳－14 就开始衰变，但稳定同位素碳－12 的含量不会变。在已知碳－14 衰变速度的前提下，可以通过测量样品中的碳－14 衰变的程度来计算出样品的年代。碳－14 的半衰期为 5730 年，因此可以用来测定距今 6 万年左右的化石。而对于年代更为久远的化石则无能为力。

在这个方法发明之前，想了解古气候的确是困难的。但人是有灵性的动物，探索、发现、发明、创造，只有人才能办得到，这是人和其他动物的区别。经过长期观察，人们发现了用物候的方法去研究古气候，终于找到了一把打开古气候密码的钥匙。

中国古代流传下来的两句诗说得明白："花如解语应多事，石不能言最可人。"花卉和石头虽然没有语言，却在生理上有着和气候条件关系密切的特殊构造和技能，有它们自己的一套结构组织来表达它们变化与气候的关系。物候学的任务就在于了解这种关系的本质，使它们"说出"自然界的奥秘来。

物候学是研究自然界植物和动物的季节性现象同环境的周期性变化之间的相互关系的科学，它主要通过观测和记录一年中植物的生长荣枯、动物的迁徙繁殖和环境的变化等，比较其时空分布的差异，探索动植物发育和活动过程的周期性规律，及其对周围环境条件的依赖关系，进而了解气候的变化规律。例如，根据植物在各地的发芽、开花、展叶、黄叶、落叶等时期的调查，可以对该地方各种的气候进行比较。对于动物则调查鸟的迁徙，各种动物的休眠、孵化、变态等时期的变化。物候观测的记录越详细，时间越长，就越有价值。

把物候说成是大自然的语言，那么人类就需要弄懂这种语言，对这种语言不断地翻译和揭秘。物候随地理的变化具有一定的规律性，如果掌握了物候期随经度、纬度、海拔高度、古今的变化规律，便可以估计出任何没有物候观测地方的物候期，这对于科研和生产具有十分重要的意义。

物候示意图

千百年来，人类通过对物候的观测研究，发现许多大自然现象很有节奏性，周而复始，充满诗情画意。地球上温带和亚热带区域，春夏秋冬四季循环往复，年年岁岁，周而复始。严冬过后，大自然开始复苏，和风荡漾，冰雪消融，大地解冻，草木萌发，自然界欣欣向荣。而后，林木苍翠，百鸟争鸣，飞燕掠水，麦子黄熟，炎热的夏季拉开了序幕。到了秋天，天高云淡，瓜果飘香，层林尽染，候鸟南翔，活跃在田间草际的昆虫便逐渐销声匿迹了。几次寒流侵袭，万木萧疏，河流封冻，大雪纷飞，大地银装，一年中最寒冷的季节到来了。

大自然总是在向人类及时地传递着某种信息，就看人类去如何解读了。自从进入农耕时代，人类就已经注意到物候信息能够准确预报各种农事。譬如桃杏花开了，要赶快春耕；布谷鸟叫了，将要夏收夏种。大自然所表现出的各种现象，好似在用一种特殊的语言向人类提出警示，让人们不失时机地安排农事。

人类对物候现象从无意识观察，到有意识研究和记载，日积月累，年复一年，就成了当地珍贵的物候历，便可以成功地应用于农事活动中。

中国先秦的文史作品中已有了关于物候的记载，比如春秋时代的史学著作

《左传》，就记载了候鸟家燕春季飞至山东郯城一带的时间大约在春分日（即3月21日）前后。用这个时间记录和现在比较，能看出郯城在三四千年前的温度比现在高1~2℃。

公元前1000年以前的《诗经》和其后的《夏小正》《吕氏春秋》《淮南子》等，则已经按月记载全年的物候了。而《逸周书·时训解》更把全年分为七十二候，记有每候五天的物候现象，成为完善的物候历。西汉时，著名农学著作《氾胜之书》更以物候为指标来确定耕种时期的记载，如“杏始华荣，辄耕轻土弱土；望杏花落，复耕”。

在中国家喻户晓的唐诗中，只要留意，就能发现不少与物候有关的句子。晚唐诗人张籍的《成都曲》这样写道：“锦江近西烟水绿，新雨山头荔枝熟。万里桥边多酒家，游人爱向谁家宿?”诗句中的锦江是成都市的一条河，在锦江近西的荔枝成熟了。荔枝是一种典型的亚热带植物，对寒冷气候的抗御能力很差，越冬期间，最多只能抗-4℃的低温，一般将-4℃作为荔枝的致死温度指标。1955年，广西桂平县最低气温-3.3℃，荔枝幼树全部冻死，大树枝条冻坏。由张籍的这首诗即可推测，在公元8世纪末至9世纪初，成都的气候比较暖和，适宜于荔枝生长。而今天，四川盆地的荔枝栽培早已移到了川南长江和金沙江河谷相连的一些县份。

在物候记载上，南宋时的吕祖谦是个有心人，他较详细地记载了淳熙七年和八年（1180年、1181年）浙江金华的物候，有蜡梅、桃、李、梅、杏、紫荆、海棠、兰、竹、豆蓼、芙蓉、莲、菊、蜀葵和萱草等24种植物开花结果的日期，春莺初到和秋虫初鸣的时间等，是世界上最早的实际观测的物候记录。明代李时珍的《本草纲目》所载的近2000种药物中，有着极为丰富的植物物候资料，记述了候鸟布谷和杜鹃的地域分布、鸣声、音节和出现时间等，是鸟类物候的翔实记载。

中国现代物候学研究的奠基者是竺可桢。他在1934年组织建立的物候观测网，是中国现代物候观测的开端。为了统一物候观测标准，他在1979年出版了《中国物候观测方法》，逐年汇编出版《中国动植物物候观测年报》，并写出了不朽的著作《大自然的语言》。

其实在世界各地，好多国家很早以前就已经对物候关注了。古希腊的雅典人就根据物候记载编制了农用物候历。英国马香子孙五代，从公元1736年起到20世纪40年代止，对植物、候鸟和昆虫等27种动植物进行了长期观测和记载，成为欧洲年代最长的物候记录。18世纪中叶，瑞典植物学家林奈所著《植物学哲学》一书，概述了物候学的任务，物候的观测和分析方法，并组织了有18个点的观测网，他是欧洲物候学的主要倡导者之一。

1.3.3 农业生产的宝典——二十四节气

物候、气候和节气形成系统学，大约始于夏代，夏、商、周、秦、汉，物候学逐渐发展，到二十四节气定型时，达到了古代物候学的一个高峰。二十四节气的确立是历法的范畴，与华夏黄河流域的物候、气候、气象、农时、地域等密切相关，其发展过程，大致反映了上古时代黄河流域的先民为了适应变化的气候环境，抵御气候灾害，努力追求与大自然和谐相处的漫长历程。农耕时代的几千年里，黄河流域就是依靠二十四节气来安排生活和生产活动的，二十四节气是华夏文化的瑰宝。二十四节气的影响由黄河流域扩展到整个华夏大地，又由华夏远播海外。

二十四节气是根据什么创制出来的呢？简单说，是根据地球绕太阳的运行规律制定的。

地球不但有规律地绕轴自转，昼夜转一圈，而且还绕太阳公转，每365日5小时48分46秒公转一周。自转结果产生昼夜交替；公转结果产生一年四季。有趣的是，地球公转时，地轴倾斜始终保持一定方向，且与轨道面呈66.5°的交角。当它处于春分和秋分位置时，太阳直射赤道（纬度0°），全球昼夜平分。当处于夏至位置时，太阳直射23.5°N，北半球昼长夜短，而且越向北白天越长，以至到了北极圈内，便呈现出永昼现象（没有黑夜）。到了冬至，太阳直射23.5°S，情况与夏至时正好相反，变得南半球昼长夜短，北半球则昼短夜长，而且越向北黑夜越长，到了北极圈内，就成了永夜（没有白天）。

太阳高度角与昼夜长短随季节发生变化，而这全都取决于纬度的高低。纬度决定了一地太阳高度角大小、昼夜和四季长短，因而也决定了太阳辐射的强度和

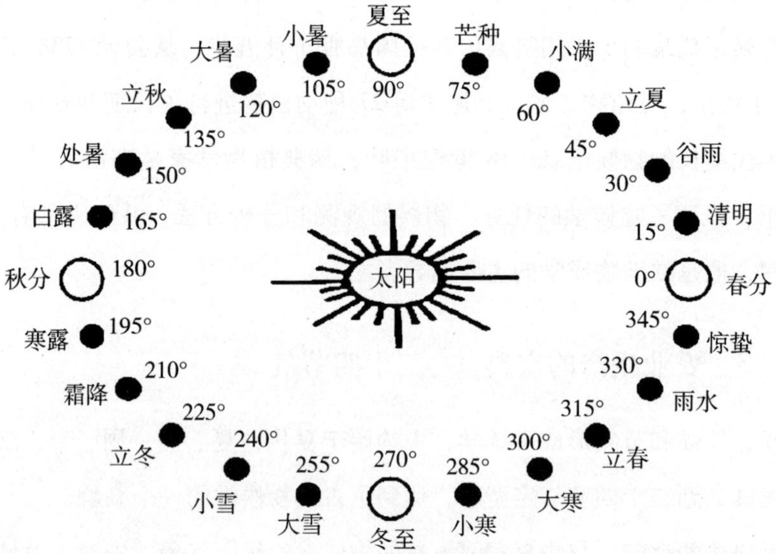

二十四节气示意图

能量收支的多少。太阳高度角大，地面单位面积吸收辐射能就多；而白昼长、黑夜短，则白天吸收辐射多而夜间支出热量少，温度必然就高。在北半球，夏季昼长夜短，辐射收入多而支出少，因而夏季温度高，冬季温度低。从这里可以看出，二十四节气虽然简明，却内涵深奥，能详细地表示季节的气候变化，对指导农业生产和人们的衣食住行具有普遍意义。

但在四五千年的远古时代，人类并不懂得这些道理，他们还不可能站在太空鸟瞰地球。古时候人们认为天圆地方，这不仅是中国人的观念，全世界都这样认为。在 15 世纪波兰天文学家哥白尼“日心地动说”问世前，人们一直以为天地是有中心的，华夏认为自己就处在天地的中心，所以叫中国。在认识大自然的漫长过程中，人们已经能用一根竖立着的竿子测量正午太阳影子的长短，并称之为圭表，这就是日晷的雏形。

圭就是夯实的土堆，表就是直立在土堆上的竿子。经过长期探索，人们注意到日影长短和寒来暑往有关，为了准确地测量季节变化，就创造了立竿见影的方法。

一年中正午时分竿影最短的一天为夏至，最长的一天为冬至，竿影为最长和最短中间状态时为春分或秋分，从而确定了冬至、夏至、春分、秋分四个节气。

圭表

日晷

夸父追日的神话故事，就是远古人类对日影的追踪观测。《山海经》中的《大荒南经》记载的也是这方面的内容，根据太阳从哪座山头升起，从哪座山头落下，来判断季节和月份。那时没有节气知识，却知道这样来确定播种期。掌握了冬至、夏至这两个节气，就知道了一年的长度。在这之前，观察花开花谢，草荣草枯，鸟儿迁徙，用物候把握岁月变化，已经积累了一定经验，这些都成了确定季节的起点。掌握了冬至、夏至之后的几千年，人们探索季节规律，沿着物候和天象两个方向发展，逐渐认识了春分、秋分，知道一年有两个时候昼夜等长，时间就在燕子归来和飞去的时候，所谓“玄鸟司分”。

《大戴礼·五帝德》说帝喾“夜观北斗，尽观日，作历弦、望、晦、朔、迎日推策”，或“观北斗四时指向，以定节气；观天干以定周天历度”，可见五帝时期的帝喾已在今天的河南偃师开始探索天象、物候变化规律，划分四时节令，“爻策占验推算历法，穷极变化，颁告天下”，指导人们按照节令从事农畜活动。分出了四时、四方，进而又分出了八节。经过龙纪、云纪、鸟纪节气史上最漫长的各种物候测天时代，又开辟了观星候气的新时代。

物候定季节在夏代结出硕果，观星候气在商代掀起高潮，为后来二十四节气的形成起到了引导作用。春秋时期的《尚书》中有对节气的记述，西汉刘安的《淮南子》中有完整的二十四节气记载。古代气象科学是以气候学为主导的，到《淮南子》时代，古代气候学知识体系已臻于完善。二十四节气的气候描述，在精密的天文定位的基础上已经完全定型了，这是中国古代气象科学发展史上的一个高峰。

二十四节气是相对于黄河中下游地区的农业而言的，起初只适用于黄河中下游地区。随着时间的更替和地域的不同，二十四节气逐渐有了不同的对应含义。

北齐张子信发现太阳视运动不均匀现象，是因为地球公转轨道的椭圆形引起的。隋仁寿四年（604 年），刘焯在他的《皇极历》中根据这种不均匀现象对二十四节气提出改革，将周天等分成 24 份，太阳移行到每一个分点时就是某一节气的时刻，这样安排的节气间隔是不均匀的。

元朝至元十三年（1276 年），天文学家郭守敬在河南登封告成周公测影台北侧建造了观星台，对原有的圭表进行了改进。一是加高表柱，表高影长，容易分得细，按比例推算二十四节气的误差可以减少。二是在表柱顶端加一根横梁，其阴影就是表影的尽头，这条界线容易划分清楚，测出来的影长就更加准确。三是设计了辅助仪器景符，可以进一步消除影子虚淡的问题，从而大大提高了测影的精度。四是增加了一个叫做“窥几”的仪器，用肉眼能直接观看横梁与月球或恒星的重合，这样就可以得到与太阳影长性质相同的量。这样的设计，的确是在前人基础上的改革与创新。通过实地测验，郭守敬掌握了日月星辰和地球的运转规律，测定出一年二十四个节气的精确时刻，创制了当时世界上最先进的《授时历》，推算出一个回归年为 365 天 5 时 49 分 12 秒，与现在的测定仅相差 26 秒，与世界上通用的《格里高利历》则分秒不差。但《授时历》比《格里高利历》要早 300 余年。

1.4 地球的冷暖波动

1.4.1 地球的冷暖

从以上介绍中我们知道，在漫长的历史长河中，地球是在缓慢地发生着冷暖变化的。一般认为，地球绕公转轨道的转动年复一年都是一样的，其实不是。从大的时间尺度来看，它是在按一定周期慢慢变化的。这是因为，木星等巨大星球的引力，造成了地球轨道的扭曲。主要体现在三个方面：一是由于离心率的关系，地球的公转轨道在正圆和椭圆之间反复；二是由于地轴倾斜的关系，地轴与公转轨道发生夹角变化；三是因为岁差运动，地球位于近日点的时间从北半球的夏天到冬天，再从冬天到夏天反复变化。

这些要素各自都有其运转周期。据测算，离心率的变化周期约为9.5万年，地轴倾斜变化的周期约为4万年。而岁差运动比较奇妙，可以近似地认为地轴以2.6万年为周期像快要倒下的陀螺一样画着圆圈。这些要素综合影响的结果，导致地球轨道以数万年为周期发生变化。而在这大的周期变化之中，还会发生数千年甚至数百年周期的冷暖小波动。

得出这样的结论并非易事，因为它耗去了中外无数科学家数年甚至毕生的心血。

早在中国宋代和清代，哲学家和文学家如沈括（1030—1094）、刘献廷（1648—1695）等人就对中国历史时期的气候无常引起了注意，怀疑历史时代气候的恒定性，且提出了各朝代气候变异的事例，但他们拿不出很多实质性事实以资佐证。直到20世纪20年代五四运动之后，中国近代科学得到了推动和发展，才开始应用科学方法进行考古发掘，并根据发掘材料对古代历史、地理、气候等进行研究。

殷墟甲骨文首先引起了学者们的注意。

1899年，在河南安阳的殷墟古址，发现了大量带字甲骨。因为这些骨片主要是龟类兽类的甲骨，所以便将它们命名为“甲骨文”，这是很重要的古汉字资料。

甲骨文的出土，使得商代的传说变成了信史。商代文明取得了大的进步，终于，商代第20代国君盘庚自山东曲阜迁殷（河南安阳）后进入了农耕文明时期。甲骨文中涉及气象方面的骨片很多，有风、云、雨、雾、雷、雹、旱灾等，皆是为了求得与大自然的和谐，希望风调雨顺，以利于农作物的长势，使人们有丰收的年成，生活平安幸福。

现在已经知道，殷墟甲骨文是商王朝时期古文字的重大发现。从另一方面也可以说明，在一个地方能发现甲骨十多万片，可见当时的中原和华北一带河流纵横，水域广阔，盛产鱼鳖等水生动物。除甲骨文之外，还发掘出了大象、虎、豹、貘、水牛、野猪和熊等典型的热带动物残骸。同一时期，在河北阳原地区和陕西也挖掘出大象的残骸。

河南古代称“豫州”，简称“豫”，就是一个人牵着大象的意思。这就说明，那时候河南曾有大量野生大象活动，证明3000多年前的商王朝时期，中原一带由于气候温暖湿润多雨，曾呈现出谷牧兴旺、人畜繁盛的局面。

竺可桢（1890. 3. 7—1974. 2. 7）

尽管中国古代的典籍早有对古气候旱涝冷暖的记载，但真正去研究其变化规律，却是20世纪60年代的事。在西方和东方国家中，普遍缺乏历史时期天文学、气象学和地球物理学现象的可靠记载，而这方面只有中国的材料最丰富。中国的许多古文献中，有着台风、洪水、旱灾、冰冻等一系列自然灾害以及太阳黑子、极光和彗星等不平常现象的记录。在中国的典籍中，古气象学和古物候学的内容更为丰富。不但历代官方史书可以查到，很多方志以及个人日记或旅行报告都有记载。

为了追踪古气候变化的足迹，20世纪70年代，中国杰出的气象学家竺可桢经过大量研究，取得了令世界瞩目的成就。竺可桢（1890—1974），浙江上虞人。他先后创建了中国大学中的第一个地学系和中央研究院气象研究所；担任13年浙江大学校长，被尊为中国高校四大校长之一。1961年，他撰写了《历史时代世界气候的波动》，1972年又发表了《中国近五千年来气候变迁的初步研究》等学术论文。前者依据北冰洋海冰衰减、苏联冻土带南界北移、世界高山冰川后退、海面上升等有关文献资料记述的地理现象，证明了20世纪气候逐步转暖，并由此追溯了历史时期和第四纪世界气候、各国水旱寒暖转变波动的历程，发现17世纪后半期长江下游的寒冷时期与西欧的“小冰期”相一致。最后指出：太阳辐射强度的变化，可能是引起气候波动的一个重要原因。从而为历史气候的研究提供了新的论据。后一篇论文，可说是他数十年深入研究历史气候的心血结晶，是一项震动国内外的重大学术成就，他充分利用了中国古代典籍与方志的记载，以及考古的成果、物候观测和仪器记录资料，进行去粗取精、去伪存真的研究，得出了令人信服的结论，归纳出近 5000 年来国发生过 4 次温暖期和 4 次寒冷期。之后，又有许多中外学者做着不懈努力，深入研究，结合全世界古气候的变动，对竺可桢的结论进行了订正。

1.4.2　环球的凉热

让我们把“长焦镜头”的焦距收回来，看看离我们最近的中国乃至世界 5000 年气候是怎样变化的。

近 5000 年中的最初 2000 年，即从仰韶文化到安阳殷墟，大部分时间的年平均温度高于现在 2℃左右。1 月温度比现在高 3 ~ 5℃，其间上下波动。但目前限于材料，尚无法做进一步探讨。在那以后，气候有一系列的上下摆动，其最低温度在公元前 1000 年、公元 400 年、1200 年和 1700 年，摆动范围为 1 ~ 2℃。每一个 400 ~ 800 年的期间里，可以分出 50 ~ 100 年为周期的小循环，温度范围是 0.5 ~ 1℃。

上述循环中，任何最冷的时期，似乎都是从东亚太平洋海岸开始，寒冷波动向西传到欧洲和非洲的大西洋海岸，同时也有从北向南的趋势。

从中国气候在历史时代的波动与世界其他区域气候波动相比较可以看出，这种波动是全世界性的，虽然最冷年和最暖年可以在不同的年代，但彼此是先后呼应的。

把英国布鲁克斯所制的公元 3 世纪以来欧洲温度升降图与中国同期温度变迁图作对照就可以看出，两地温度波澜起伏是有联系的。在同一波澜起伏中，欧洲的波动往往落在中国之后。如 12 世纪是中国近代历史上最寒冷的一个时期，但是在欧洲，12 世纪却是一个温暖时期，到 13 世纪才寒冷下来。17 世纪的寒冷，中国也比欧洲早了 50 年。欧洲和中国气候息息相关是有理由的，因为这两个区域的寒冷冬天，都受西伯利亚高气压的控制。西伯利亚的高气压向东扩展，中国北部西北风强，则中国严寒而欧洲温暖。相反，如西伯利亚高气压倾向欧洲，欧洲东北风强，则北欧严寒而中国温和。只有当西伯利亚高压足以控制全部欧亚时，两方才会同时出现严寒。

挪威冰川学家曾根据地面升降的结果，做出近 1 万年来挪威的雪线升降图。雪线的升降与一地的温度有密切关系。气候温暖则雪线上升，气候转寒，雪线下降。以中国 5000 年来气温升降与挪威的雪线高低相比，大体是一致的，但有先后参差之别。图中温度 0℃线是现今的温度水平，在商、周、汉、唐时代，温度高于现代；唐代以后，温度低于现代。挪威雪线也有这种趋势。但在战国时期，公元前 400 年，出现一个寒期为中国所无。尚有一点须指出，即雪线高低虽与温度有密切关系，但还要看雨量的多少和雨量季节的分配，所以不能把雪线上下的曲线完全用来代表温度的升降。

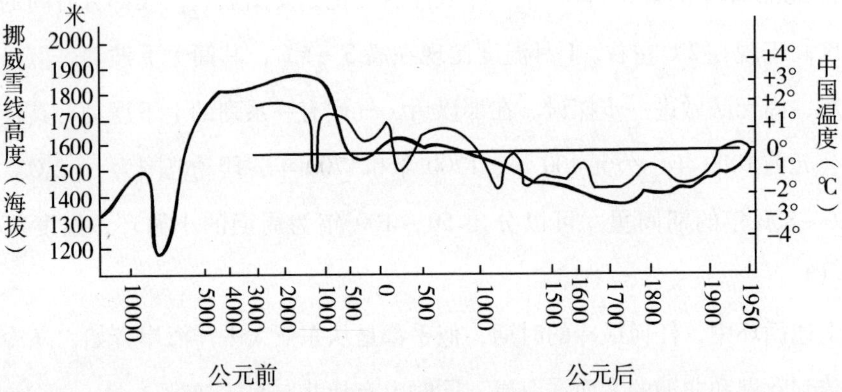

1 万年来挪威雪线高度（粗线）与 5000 年中国温度（细线）变迁

丹麦哥本哈根大学物理研究所教授丹斯加德在格陵兰岛的冰川块中，以氧－18 的同位素方法研究结冰时的气温。结果是：结冰时氧－18 同位素增加，气温升高 1℃。

将丹斯加德所制近 1700 年来格陵兰岛气温升降图与中国气温图作比较可以看出：中国从三国到六朝时期的低温、唐代的高温到南宋和清初的两次骤寒，两地都是一致的，只是时间上稍有参差。如 12 世纪初期格陵兰岛尚有高温，而中国南宋严寒时期已开始。但相差也不过三四十年，格陵兰岛温度就迅速下降至平均以下。若与欧洲相比，则欧洲在 12～13 世纪天气非常温暖，与中国和格陵兰岛均不相同。追溯到距今 3000 年，中国《竹书纪年》中所记载的寒冷，在欧洲没有发现，到战国时期，欧洲才冷了下来。

但在约翰逊和丹斯加德的图表中可以看出：距今 3000 年格陵兰岛曾经历一

次300年的寒冷期，与《竹书纪年》的记录相呼应。到距今2500～2000年间，即在中国战国和秦、汉间，格陵兰岛却与中国一样有温和的气候。凡此均说明格陵兰岛古代气候变迁与中国是一致的，而与西欧则不相同。格陵兰岛与中国相距2万余千米，而古代气候变动如出一辙，足以说明这种变动是全球性的。可以认为，格陵兰岛和中国纬度高低虽然不同，但都处在大陆的东缘，虽面临海洋，仍然是大陆性气候，与西欧的海洋性气候所受大气环流影响并不相同。

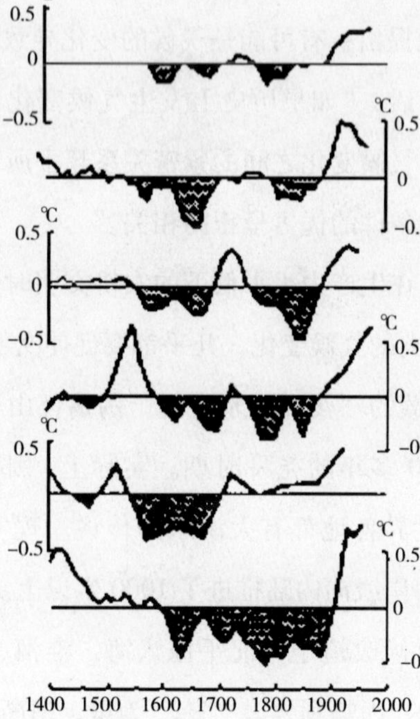

近600年来气温的变化

加拿大地质调查所在东部安大略省（北纬50°、西经90°）用古代土壤中所遗留的孢子花粉研究得出的结果，也是距今3000～2500年有一次寒冷时期，但嗣后又转暖的情况，与中国和格陵兰岛相似。

新中国第一任中国气象局局长涂长望曾研究“中国气温与同时世界浪动之相关系数”得出结论：中国冬季（12月～2月）温度与北大西洋浪动的相关系数是正的，虽是指数不大，换言之，即中国冬季温度与北美洲大西洋岸冬季温度有类似的变化。

总之，地球上气候大的变动是受太阳辐射所控制的，所以，如冰川时期的寒冷是全世界一致的，可谓环球同此凉热。但气候上小的变动，如年温 1 ~2℃的变动，则受大气环流所左右，大陆气候与海洋气候作用不同，在此即可发生影响。

1.4.3 气候变化导致文明兴衰

20 世纪上半叶，美国地理学家 E. 亨廷顿（1876—1947）对气候和人类历史的关系提出了大胆的假说。他根据在中亚地区参加探险队的经历，写出了《亚洲的脉搏》一书，在书中他提出：有可能是气候的变化导致了游牧民族的迁徙。他说了这样一段耐人寻味的话："如果历史上发生气候变化，那么就一定会对人类造成影响……历史事件和气候变化之间的紧密关系超乎所有人的想象。以往诸多大民族的兴旺，都与气候条件的优劣呈正向相关。"

亨廷顿的话没有错，在生产力水平低下的农耕文明时代，经不起任何气候上的"风吹草动"，每一次大的气候变化，几乎都要促使文明的衰败与兴盛。

《尚书·尧典》所记载的"汤汤洪水方割，荡荡怀山襄陵，浩浩滔天"的大事件，就发生在距今 4000 多年的尧舜时期。实际上，那时候是全球气候转暖，积雪消融。不但中国，世界各地都有大洪水的传说。现实中，阿拉伯湾在距今 1.5 万年到 6000 年前，海岸线向内陆推进了 1000 米以上。

中国的古黄河在那时候改道于苏北平原入海，淮河、泗河流域发生特大洪水。大禹受命于危难之中，因势利导以"疏"为策，凿断山脉，疏通河道，战胜洪荒。大功告成的大禹，借机丈量九州风物、平土设置井田、打通朝贡途径、规范贡品赋税。但他没有实行尧舜时的禅让制，临死前把大权交给了儿子启。从此以后，启便不再像他父亲那样做部落联盟的大首领，而成了一个独揽大权、号令天下的国君，中国历史上第一个奴隶制王朝——夏王朝建立，开始了"家天下"的世袭。

但夏王朝仅仅维持了 400 多年，寒冷期和大旱便来临了。游牧在黄河流域的夏王朝附属国——商国，到了成汤当王的时候，借着干旱，于公元前 1600 年一举推翻了夏王朝，中国历史上第二个奴隶制王朝——商王朝兴起。夏末商初属于新石器时代晚期。那时候，整个华北地区和黄河中下游地区河湖相连，森林茂密，竹丛遍野，大象、水牛、野猪成群结对出入期间，处处呈现出一派热带风光。竺可桢经周密分析指出：“殷墟时代是中国的温和气候时代，比之现在，年平均温度高2℃左右，正月份平均温度高3～5℃。”

到公元前1046年，周王朝建立。但气候的波动，并不以人的意志为转移，从公元前30世纪初，维持了2000年的温暖期走到了尽头。从周穆王到周幽王的200来年，正处于气候小冰河期，关中地区地震、山崩、河枯等灾害频现。据《竹书纪年》记载，公元前903年和897年的周孝王时，长江支流汉水曾两度结冰，接着又发生大旱。当时西安的冬天，寒风凛冽，滴水成冰。加之周召共和、烽火戏诸侯等国事动荡，导致犬戎乘机东侵，杀幽王于骊山，掠财物于镐京，关中良田被毁，王事倾覆。平王迁居中原，驻都洛邑，天子之邦的周人逐步沦落，民族走向了分裂的边缘。

第二次温暖期出现在公元前770年的东周春秋时代到秦汉时代。这个时期中国气候普遍转暖。据《春秋》记载，公元前698年、590年和545年的冬天，鲁国（今山东省）未出现结冰现象。西汉时，柑橘在长江中游地区广泛种植，桑树遍布鲁国；竹、梅等亚热带植物在豫北的淇河流域与陕西的渭水流域也很茂盛。如《史记》所云：“陈夏千亩漆，齐鲁千亩桑麻，渭川千亩竹”。阴山一带更是“草木茂盛，多禽兽”，大批汉民进入河套地区垦耕，农牧界线北移至阴山以北和乌兰布和沙漠接壤。秦朝和西汉时，物候生长发育要比清初早3个星期左右。

与中国的温暖期相对应的是，西亚出现了寒冷干燥的气候。最明显的是，美索不达米亚的巴比伦大麦的收获期延后了一个多月。不列颠西侧的威尔士地区气候干燥，东部的格陵兰河水水量减少。在欧洲大陆，挪威的冰川扩大到了14世纪以后寒冷化时期的规模。

大规模的气候变冷，在地球上的确是有先后的。从公元初年到公元600年的东汉到南北朝时期（公元25～600年），是中国近5000年来的第二个寒冷期，平均温度比现代要低1℃左右。渤海湾出现冰封，东海、琅琊等郡水井冰冻尺余，气候再次转冷。而这个时期，正是中国历史自春秋战国以来的第二次大分裂期，但时间延长了两三倍。

王莽天凤三年（公元16年）二月乙酉，地震，大雨雪，关东尤甚，深者一丈，竹柏或枯；王莽天凤四年八月，大寒，百官人马有冻死者。王莽篡位，结束西汉王朝。在此期间，北方出现了严重而集中的降温事件。之后光武中兴，在接下来的东汉明帝、章帝时期，寒冷事件虽不时出现，但无论其程度还是连续性都无法与公元初年相比。不过，从整个历史长河来说，这只是回光返照的一瞬间。

当严寒再度来临时，已到了东汉末年，贫穷饥饿引发绿林黄巾义军蜂起，魏蜀吴三国纷争。到了三国后期，依然没有转暖的迹象。公元 225 年，曹丕到淮河的广陵（今淮阴）视察兵士演习，淮河突然结冰，这是目前所知的历史时期第一次淮河结冰。公元 366 年，渤海湾从昌黎到营口，连续 3 年全部结冰，冰上甚至可往来车马和军队。据考证，当时气温比现在至少要低 3℃以上。到了南北朝，南朝都城建邺（今南京）曾在覆舟山建有冰房，用以食物保鲜防腐，这说明当时南京比现在冷。

“天苍苍，野茫茫，风吹草低见牛羊”的景象转瞬即逝。祁连山、天山、阿尔泰山、阴山一带的牧场也因低温干旱而逐渐退化，无法承载逐水草而居日益壮大的游牧民族。胡人顺着河西走廊南下关中、直取中原，农牧分界线从长城迁移至黄河、再南移至江淮。匈奴、鲜卑、羯、羌、氐等胡人在北方野蛮地相互残杀，造成巨大的民族纷争。大批中原人无奈偏安东南，带动了长江流域及岭南地区的发展，经济中心由中原迁至江南。杨坚作为军事贵族，以武力结束了魏晋南北朝 300 多年的分裂，完成了民族统一。

第三次温暖期出现在公元 600～1000 年，由于气候特别温暖湿润，连年风调雨顺，自然灾害较少，使唐朝农业得到了迅速发展。7 世纪中后期的公元 650 年、669 年和 678 年的冬季，国都长安（今西安）无雪无冰。梅花、柑橘在关中广泛种植，河套、陕北、银川平原地带相继开展大规模屯垦，农牧分界线再度北移至阴山一线。皇族的鲜卑血统与民间思想的相对活跃，使唐朝显示出前所未有的包容与多元。据记载，唐开元末年，玄宗李隆基下旨，把四川江陵向皇宫进贡的柑橘吃过后，把柑橘籽种于宫中。这批柑橘树于天宝十年秋结果，其品味之佳与四川江陵所产柑橘没有两样。这说明在公元八九世纪时，西安气候是多么温暖。

第三次寒冷期出现在公元 1000 年的北宋到公元 1200 年的南宋时期。但实际上，自唐天宝至五代的 300 年间，东部气候已日趋寒冷。唐末湿冷、北宋干暖交替出现，黄河多次泛滥与中原沙荒盐碱渐重，致使河南、淮北一带土地荒芜。南宋进入小冰河期后，多次出现太湖冰冻数尺、苏州运河冰封、杭州四月飞雪、福州荔枝冻死的现象。靖康之耻后，宋避祸东南。江南适宜的气候，使得南宋在长江流域及平原地区大规模兴建水利，开垦圩田，种植水稻，发展桑棉，导致偏居一隅的南宋富甲天下。

第四次温暖期出现在公元 1200 ~ 1300 年。12 世纪在中华大地上，严寒不再肆虐。杭州不再出现冰雪天气。著名道士丘处机曾长住北京，并于公元 1224 年作《寒食节》诗云："清明时节杏花开，万户千门日往来。"说明当时北京气候与现在北京的气候很接近。隋唐时代，河南的博爱、陕西的西安和凤翔都设有竹监司来管理竹园，足以说明那时的温暖。到南宋初气候转冷后，除凤翔外，皆因不再有竹出产而被取消。而到公元 1268 ~ 1292 年的元朝初期，西安和博爱重新设竹监司衙门，这是当地气候转暖的又一明证。

短暂温暖，没有使常年的战乱导致的民生凋敝得到恢复，相反，导致了额尔古纳河流域纵横驰骋的蒙古人奏响了入侵的号角，转瞬间金戈铁马横扫了从东亚沿海到多瑙河畔的欧亚大陆。然而狭隘的民族意识与粗犷的游牧文明，使之在转瞬即逝的辉煌之后不断分裂，退居漠北。而建州女真在辽东赫图阿拉悄然复兴，借明末严重的旱灾和瘟疫横行之机一统华夏。

第四次寒冷期从公元 1400 年的明成祖时开始，在以后的近 600 年中，尤以公元 1650 ~ 1700 年为最，俗称小冰期。在这 50 年中，太湖、汉水和淮河结冰 4 次，洞庭湖结冰 3 次，长江几乎封冻。鄱阳湖虽湖面广阔、纬度偏南但也曾出现结冰现象。中国热带地区在这半个多世纪中，冰雪出现频繁。建于唐朝、经营长达千年之久的江西省橘园和柑园，在公元 1654 年和 1676 年的两次强烈寒冬中完全冻毁。

从中国近 5000 气候变迁的特点可以看出：温暖期越来越短，温暖程度越来越低。从生物分布也能看出这一变化趋势。例如，在第一个温暖期，中国黄河流域发现有象群；在第二个温暖期，象群栖息北限就移到淮河流域及其以南地区；到了第三次温暖期，就只有长江以南的浙江、广东、云南等地区有象群了。而在近 5000 年中的四次寒冷期，正好与四次温暖期相反，寒冷期的时间长度越来越长，寒冷的程度越来越强烈。

我们应该庆幸生活在地球之上，因为在浩瀚无边的太阳系中，地球是一个特殊的星球，其不同之处，就是它有着得天独厚的条件——厚厚的大气层。正是有了这厚厚的大气层，地球上才绽放出了姹紫嫣红的生命之花。

地球诞生46亿年来，始终在冷暖变化中。冷后必热，暖后必寒，经历了大约5次大冰期：震旦纪大冰期、寒武纪至石炭纪大冰期、石炭纪至二叠纪大冰期、三叠纪至第三纪大冰期和第四纪大冰期。现在，我们就处在第四纪冰期中一个相对温暖的阶段。

在地球生命的孕育过程中，水汽起着非同寻常的作用，其次是对红外辐射具有很强吸热功能的二氧化碳。可以说，没有二氧化碳制造的温室效应，也就不可能有我们人类的今天。

大气中的氧气为生命提供了“粮食”，大气中的二氧化碳为生命保存了“温暖”。生命从此百花齐放，生命与气候的故事便开始绵延不绝。

2 地球气候的成因

地球气候的形成原因十分复杂，但归纳起来主要有四大要素：太阳辐射、地轴倾斜与地球公转、地球自转与大气环流、地理条件。

太阳辐射是地球气候形成的基本要素，是地球上一切物理过程和物理现象形成的原动力；地轴适度的倾斜，并保持基本稳定，加上地球的公转，成就了地球上的气候带和春夏秋冬四季；地球自转产生了昼夜更替，自转所产生的地转偏向力影响着大气环流的形成；大气环流的形成主要是由于太阳辐射过程引起的地面受热不均匀、海陆分布和地球自转的作用；受海陆分布、地形和下垫面等其他因素影响，导致全球大气环流的变化复杂，成就了地球各个地域多种多样的气候。

有人认为太阳系内其他行星上缺少地球大气层，所以其他行星上才没有四季，其实不是这样。假如地轴与公转轨道平面垂直，像木星自转轴那样的倾斜度，地球不会有春夏秋冬四季的变化；假设地轴倾斜过大，或者地轴与公转轨道平面没有夹角，像天王星自转轴几乎倒在它的轨道平面那样，地球上更不可能有春夏秋冬之分。没有地轴适度的倾斜，或者没有地球绕太阳的公转，都不会有四季的产生，二者缺一不可。

地球自转产生了昼夜更替，使得地球自东向西有序地接受太阳辐射，形成了自东而西有序的能量差。假设地球只有公转而没有自转，有的地方永远是白天，有的地方永远是黑夜，同时也就没有了地转偏向力的存在，地球气候将会是另一番景象。

除以上已知因素外，气候系统内部相互影响还有许多不可预知的因素。备受关注的厄尔尼诺现象与信风密切相关，信风减弱就会出现厄尔尼诺现象，信风异常强烈，就会出现拉尼娜现象。厄尔尼诺现象虽然造成了世界许多地区的灾害，但我们不能把所有气象灾害都归因于厄尔尼诺现象。厄尔尼诺现象带来了灾害，同时也孕育了新的有利条件和机遇。而同样令人关注的火山爆发，一旦发生，不但让人类蒙受重大灾难，而且对气候变化的影响也非同小可。太阳黑子和耀斑的不均衡，以及地球自身内部的原因，也对不同地域的气候差异造成了影响。

地球各地的气候各有特点，热带地区终年天气炎热，而高纬度地区却异常寒冷，沙漠地区降水量很少，森林地区降水充沛。大自然如此的玄奥、巧妙和艺术，成就了地球气候，使得生命能够生存繁衍，不断创造着自己的文明和文化。

2.1 气候形成的能源

2.1.1 太阳辐射

太阳辐射是地球大气、陆地和海洋增温的唯一能源，是大气中一切物理过程和物理现象形成的基本动力，并通过光化学反应参加到一些化学过程中。

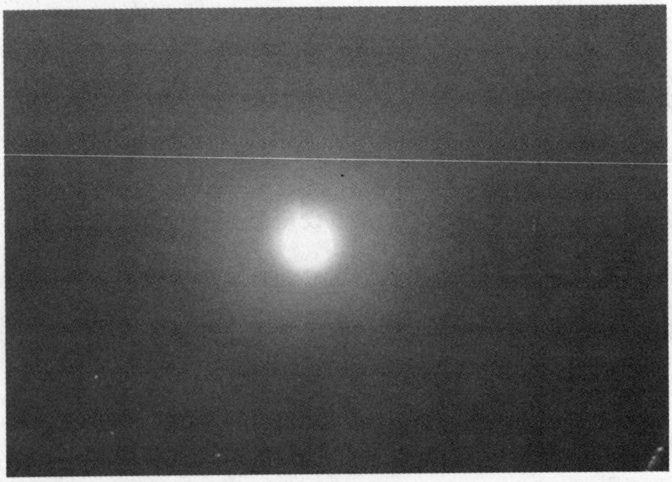

太阳辐射在地球大气上界的分布是由地球的天文位置决定的，称为天文辐射。由天文辐射决定的气候称为天文气候。天文气候反映了全球气候的空间分布和时间变化的基本轮廓。太阳辐射随季节呈现有规律的变化，形成了地球中纬度的四季。

除太阳本身的变化外，天文辐射能量主要决定于日地距离、太阳高度角和昼

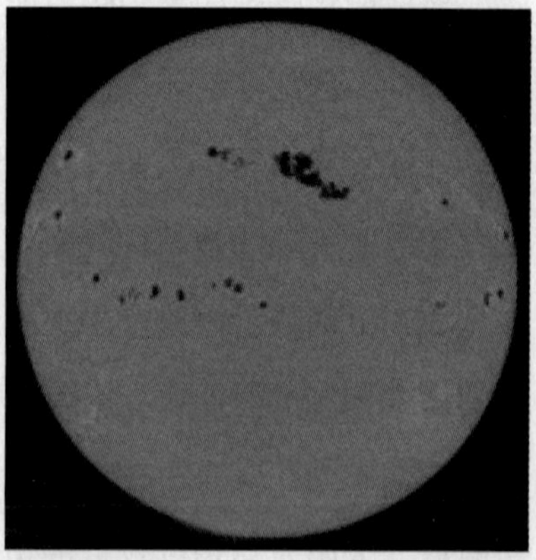

长。由于地球绕太阳公转的轨道为椭圆形，而太阳位于两个焦点中的一个焦点上，因此日地距离时刻在变化中。太阳光线与地平面的夹角称为太阳高度角，它有日变化和年变化之分。太阳高度角越大，则太阳辐射越强烈。

天文辐射的时空变化特点是：全年以赤道获得的辐射最多，极地最少。这种热量不均匀分布，导致了地表各纬度的气温产生差异，在地球表面出现了热带、温带和寒带气候；天文辐射夏大冬小，它导致地球上夏季温度高而冬季温度低。

大气对太阳辐射的削弱作用包括大气对太阳辐射的吸收、散射和反射，而大气对太阳辐射的吸收也是不均匀的，当太阳辐射经过整层大气时，0.29 微米波长以下的紫外线几乎全部被吸收，但在可见光区吸收很少，在红外区吸收很强。大气中吸收太阳辐射的物质主要有氧、臭氧、水汽和液态水，其次有二氧化碳、甲烷、一氧化二氮和尘埃等。云层能强烈吸收和散射太阳辐射，同时还强烈吸收地面反射的太阳辐射。

大气层对放出的这些辐射并非无条件传递，而是将其中的长波辐射留下来，把其他辐射送入了太空。太阳辐射通过大气层的过滤，一部分到达地面，称为直接太阳辐射；另一部分被大气中的分子、微尘、水汽等吸收、散射和反射。被散射的太阳辐射一部分返回宇宙空间，另一部分到达地面，到达地面的这部分称为散射太阳辐射，它和直接太阳辐射之和称为总辐射。太阳辐射通过大气后，其强度和光谱能量分布都发生了变化。到达地面的太阳辐射能量比大气上界小得多，太阳光谱上分布在紫外光谱区的太阳辐射几乎绝迹，在可见光谱区减少 40%，而在红外光谱区增至 60% 。

到达地表的全球年辐射总量的分布基本上成带状，只有在低纬度地区受到破坏。在赤道地区，由于多云天气较多，年辐射总量并非最高。在南北半球的副热带高压带，特别是在大陆荒漠地区，年辐射总量较大，最大值出现在非洲东北部。

地球所接受到的太阳辐射能量仅为太阳向宇宙空间放射的总辐射能量的二十亿分之一，但却是地球大气中所发生的一切物理过程和天气现象的能量来源，是地球气候形成的基本要素。太阳辐射在地球表面分布的不均匀及其随时间的变化，形成了各地的地域性气候差异和明显的季节交替。

地球上的热量以及产生大气运动和洋流等的能量来自太阳辐射，太阳辐射强度随纬度和季节而变化。在同一季节里，太阳辐射强度随纬度增高而减小。赤道附近，太阳光几乎直射在地球表面上，地面接受的热量多，气候就炎热；而在两极附近，太阳光总是以较低的角度照射，地面接受的热量少，因此极地及附近的地方气候就特别寒冷。同一纬度，太阳高度角冬季低，夏季高，春秋季介于期间，以冬至日和夏至日为全年的最低点和最高点。在北半球，冬季太阳位置偏南，太阳高度角偏低，昼短夜长，到达地面的太阳辐射量少；春季太阳位置渐北，太阳高度角增高，白昼变长，到达地面的太阳辐射量增多，温度升高；夏季太阳位置偏北，高度角达一年中最大，昼长夜短，到达地面的太阳辐射量最多，温度最高；秋季太阳直射点逐渐南移，太阳高度角减小，白昼变短，到达地面的太阳辐射减少。

太阳辐射在地球上随纬度的变化形成了不同的气候带，随季节的变化造成了一年中四季的冷暖循环交替。

2.1.2 太阳黑子

说到太阳辐射，不能不提及太阳黑子，因为太阳黑子对太阳辐射有着直接的影响。太阳黑子是太阳的光球层上发生的一种太阳活动，实际上是太阳表面一种炽热气体的巨大漩涡，温度大约为4500℃。因为其温度比太阳的光球层表面温度要低1000~2000℃（光球层表面温度约为6000℃），对比之下，太阳黑子就像一些深暗色的斑点。太阳黑子喜欢成群结伙，很少单独活动，当它活动剧烈时，会对地球的磁场产生影响，主要是使地球南北极和赤道的大气环流做经向流动，从而造成恶劣天气，使气候转冷。

对于太阳黑子的观察和记载，中国是世界上最早的国家。大约在公元前140年，《淮南子》一书中就有“日中有踆乌”的记述。华夏古人用肉眼就看到了太阳里有像三条腿的乌鸦，也就是“踆乌”。科学的发展，通过一般的光学望远镜观测太阳，发现了光球层的活动，认识了太阳黑子。在距今 2000 多年的时候，凭肉眼能观察到太阳中的黑子，已经非常难能可贵了。汉成帝河平元年（前 28 年）三月，出现了太阳黑子，被载入《汉书·五行志》中，是世界公认最早的太阳黑子记事。书中说：“河平元年……三月己未，日出黄，有黑气大如钱，居日中央。”说明这次太阳黑子的活动比较强烈。

欧洲关于太阳黑子纪事最早时间是公元 807 年 8 月，当时还被误认为是水星凌日的现象，直到 1660 年，意大利天文学家伽利略（1564—1642）发明天文望远镜后，才确认太阳黑子是确实存在的。而在此之前，中国历史上已有关于黑子的 101 次记录，这些记录不但有时间，还有形状、大小、位置以及变化情况等。

太阳黑子是不耐寂寞的，一刻不停地在活动着，它在日面上的大小、多少、位置和形态等，每天都不相同。太阳黑子是光球层物质剧烈运动而形成的局部强磁场区域，也是光球层活动的重要标志，大多呈现近椭圆形，在明亮的光球背景反衬下显得比较暗黑，倘若能把黑子单独取出，一个大黑子便可以发出相当于满月的光芒。长期观测太阳黑子就会发现，日面上黑子出现的情况不断变化，这种变化反映了太阳辐射能量的变化。有的年份黑子多，有的年份黑子少，有时甚至几天几十天日面上都没有黑子。

太阳黑子与地球上的冷暖有直接关系，黑子数多时辐射强，地球偏暖；太阳黑子数少时辐射弱，地球偏冷。竺可桢研究得出，凡是中国古代书上对黑子记载得多的世纪，也是中国范围内特别寒冷的冬天出现得多的世纪。也有科学家发现：植物的生长也随着太阳黑子的出现而呈现 11 年周期的变化，黑子多长得快，黑子少长得慢。还有人统计了一些地区降水量的变化情况，发现这种变化也是每过 11 年、22 年重复一遍，很可能也跟黑子数目的增减有关系。河南省气象局高级工程师张存做过统计，发现位于豫北的新乡市的旱涝阶段与太阳黑子的世纪周期相吻合。太阳活动世纪周期的增强期，对应新乡地区为涝段；太阳活动世纪周期的减弱期，对应新乡地区为旱段。

太阳是地球上光和热的源泉，它的一举一动，都会对地球产生各种各样的影响。太阳黑子活动的高峰期，太阳会发射大量的高能粒子流与 X 射线，引起地球磁暴现象，导致地球气候异常，地球上微生物因此大量繁殖，这就为流行疾病提供了温床。当太阳上有大群黑子出现的时候，指南针会乱抖动，不能正确地指示方向，平时很善于识别方向的信鸽会迷路，无线电通讯也会受到严重阻碍，甚至会突然中断一段时间。公元1173～1976年的803年间，地球上发生了56次流行性大感冒，这56次都出现在太阳黑子活跃的年份，而在黑子活动的高峰期，死于心肌梗塞的患者数量也急剧增加。有人认为，太阳的磁场活动对地球的气候也产生了影响，这就意味着太阳的活动可能对20世纪全球温度的升高负有一定的责任。

除了太阳黑子外，太阳耀斑的变化对地球也有影响。太阳耀斑是一种剧烈的太阳活动，主要观测特征是，日面上突然出现迅速发展的亮斑闪耀，其寿命仅在几分钟到几十分钟之间，亮度上升迅速，下降较慢。特别是在太阳活动峰年，耀斑出现频繁且强度变强。

太阳辐射是地球上一切物理过程和物理现象形成的原动力。因受地理、海陆、山地、丘陵、平原分布的影响，太阳辐射在地球上分布不均。加之太阳黑子和耀斑自身的不均衡性，还有地球自身内部热量的逸散，从而造成了不同地域的气候差异。

2.2 四季的形成

2.2.1 四季的成因

地球绕太阳公转的轨道平面，叫作黄道面。地球自转的轴线，我们称之为地轴。计算发现，地轴与黄道面并不垂直，而是呈66°33′的夹角，且每4.1万年要在65.5°至67.9°之间变动一个周期，因为时间太长，故在短时间内可以认为地轴与黄道面夹角基本恒定。因为地轴倾斜恒定，总是保持一个方向，且地球总在绕太阳公转，当地球在黄道面上从一个地方移动到另一个地方时，处在地球上的人类观看太阳时，太阳的高度角也就发生了变化，给人类的视觉感不是地球变化了位置，而是太阳发生了南北移动。在地球绕太阳公转一圈的过程中，南北半球接受太阳的辐射及热量在不断发生变化，于是便产生了冷暖交替的循环。

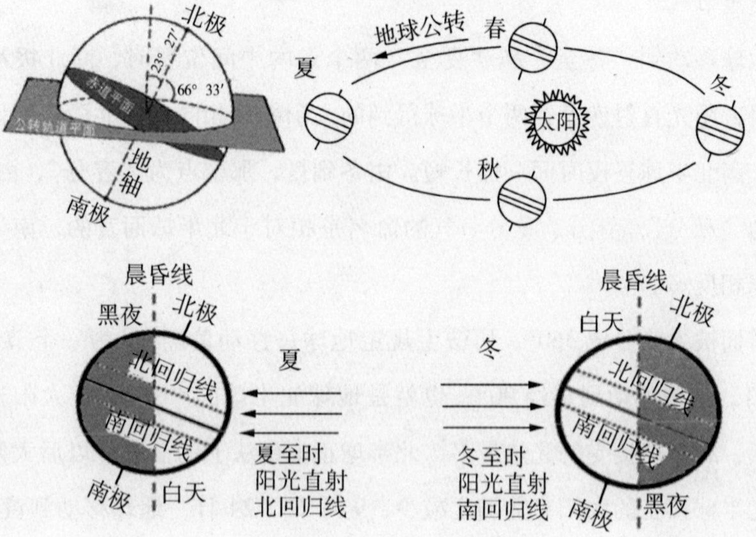

四季成因示意图

当北半球的人们正午看到太阳高度降到了最低点，日影达到最长，视觉感也就认为太阳移到了最南端。这一时刻地轴的南极向太阳倾斜，阳光直射南回归线，南半球得到更多的太阳能量，南半球是夏季，北半球是冬季，北极出现永夜，南极出现永昼。其实自从阳光直射移往赤道以南的半年里，北半球就成了冬半年，北半球昼短夜长，北极晨昏线以内的地方半年看不到太阳；南半球成了夏半年，南半球昼长夜短，南极晨昏线以内的地方半年太阳都在地平线以上转圈圈。于是，当地球每年到达黄道面这个位置的那一刻，人们便命名为“冬至”，这一天也就是冬至节气。

相反的情况，当地球移动到隔着太阳与“冬至”那个点相对称的那个位置时，北半球的人们正午看到太阳高度升到了最高点，日影达到最短，视觉感也就认为太阳移到了最北端。这一时刻地轴的北极向太阳倾斜，阳光直射北回归线，北半球得到更多的太阳能量，北半球是夏季，南半球是冬季，北极出现永昼，南极出现永夜。其实自从阳光直射移往赤道以北的半年里，北半球就成了夏半年，北半球昼长夜短，北极晨昏线以内的地方半年太阳都在地平线以上转圈圈；南半球成了冬半年，南半球昼短夜长，南极晨昏线以内的地方半年看不到太阳。于是，当地球每年到达黄道面这个位置的那一刻，人们便命名为“夏至”，这一天也就是夏至节气。

当地球移动到“冬至”和“夏至”两个点的中间位置时，南北极都不对着太阳倾斜，阳光直射赤道，两个半球得到的太阳能量相同，南北两极地区成了晨昏状态，南北半球昼夜时间一样长短。由冬到夏，那个点为“春分”，由夏到冬，那个点为“秋分”。春分、秋分节气的命名是相对于北半球而言的，南半球正好与北半球相反。

黄道面被人为分成360°，历法上规定地球每移动黄经15°为一个节气。6月21～22日，地球移动到黄经90°，也就是地球北半球的“夏至”，太阳光直射北回归线上，北半球接受的光热最多，北半球正值历法上的夏季；以后太阳光逐渐南移，北半球接受的太阳光热随之减少，9月22～24日，地球移动到黄经180°，也就是地球北半球的“秋分”，太阳光直射赤道，南北半球所受的光热相等，这时北半球处于历法上的秋季；秋分过后，太阳光移向南半球，12月21～23日，地球移动到黄经270°，也就是地球北半球的“冬至”，太阳光直射南回归线，这时北半球受太阳光热最少，正值历法上的冬季；以后太阳光逐渐北移，北半球接受的太阳光热随之增多，3月20～21日，地球移动到黄经0°，也就是地球北半球的“春分”，太阳光再次直射赤道，南北半球所受的光热相等，这时北半球处于历法上的春季。由于地球不停地公转，春、夏、秋、冬四季便交替不断出现。不过，在北温带和南温带地区，四季的出现正好相反，当北温带的人们正穿着大棉袄的时候，南温带的人们却正在海滨浴场避暑。

由此可知，春夏秋冬四季是因为地轴的倾斜和地球的公转造成的，由于两个半球从太阳接收到的能量不同而产生四季更替。假设地轴与黄道面是垂直的，地球上是不可能有春夏秋冬之分的，假设只有地轴倾斜，但地球没有绕太阳的公转，也不会有四季的产生，二者缺一不可。太阳系里木星自转轴与公转平面的夹角是86°52′，自转轴与公转平面几乎垂直，造成了木星上没有分明的四季变化。有人认为是由于木星没有地球这样的大气层，所以木星上才没有四季，其实不是这样，假如地轴也是木星自转轴这样的倾斜度，地球也会没有春夏秋冬四季的变化。

假设地轴倾斜过大，或者地轴与黄道面没有夹角，地球上更不可能有春夏秋冬之分。太阳系中的天王星自转轴几乎倒在它的轨道平面上，因此当天王星的半个球面是夏季时，它的一个极点几乎直对着太阳，而另外半个球面完全处于黑暗的冬季之中。地球的公转轨道是个椭圆，地球与太阳之间的距离也有远近变化，这种变化使整个地球从太阳接受的总热量会产生一些微小的差异，但这一微小的差异不足以造成地球上一年的季节变化。

春夏秋冬四季变化主要是指地球相对于太阳位置的变化，也就是天文气候。对于真正意义上的气候，赤道地区只有夏季，两极地区和高原高海拔的雪山上只有冬季，低纬度地区没有冬季，高纬度地区没有夏季，只有中纬度的平原和非高海拔地区才有分明的冬夏春秋四季。

2.2.2 四季的划分

划分四季有各种不同的标准，中国传统习惯是农历，主要以天文因素作为划分依据，由立春到谷雨的六个节气是春季，由立夏到大暑的六个节气是夏季，由立秋到霜降的六个节气是秋季，由立冬到大寒的六个节气是冬季。每一季度的时间都是三个月，以春分、夏至、秋分、冬至各日作为春、夏、秋、冬各季的中间日。

西方国家大多以月份来划分四季，3~5 月这三个月为春季，6~8 月这三个月为夏季，9~11 月这三个月为秋季，12~2 月这三个月为冬季。虽然按照历法将一年划分为四季，但如果按照气候要素（气温）划分，世界不同地区四季的早晚、长短有很大差异，而且，就全球范围来说，也不是所有地方都有四季的，在赤道和极地，只有夏季和冬季，有些地方一年中也许只有两季、三季。只有在温带地区，四季的界限才表现得相当明显。

照理说应该是太阳距我们越远越冷，越近越热，但最冷的三九严寒却不出现在冬至节气的前后，而是出现在太阳直射点抵达南回归线以后，三伏天气出现在太阳直射点抵达北回归线以后。这是为什么呢？因为太阳是地球的热源，地球是大气的热源。大气不能直接吸收太阳短波辐射，但可以吸收地面长波辐射。因此，地球表面的冷热决定了大气的冷热。当太阳直射点移至南回归线时，地表得到的热量仍少于支出的热量，故继续降温；当太阳抵达最北端时，地表所得到的热量仍多于是取得热量，故继续增温。正如一天之中最高温度并不是出现在正午太阳最高的时候，而是出现在午后，存在滞后现象。也很像一个没有热源的房间，初春时节，室外暖融融的，而室内却是依然清冷；入秋以后，室外开始寒冷，室内起初并不觉得有多么冷。

还有就是每年的春夏秋冬四季的到来和结束时间总是不一样，有时早有时晚，与二十四节气里的节气时间总存在差异，主要是地球气候系统各成员的变化，及其之间的相互作用，导致大气环流异常多变造成的。此外，地球自身的火山爆发也应该是气候变化一个原因。太阳系时刻也在银河系里移动，银河系也在时刻不停地运动，地球每时每刻所处的位置相对于太阳是已知的，相对于宇宙却是未知的，地球在跟随着太阳到达的那个区域是冷是暖也是未知的，这也应该是气候变化的原因之一。当然还有人类活动影响以及其他原因。

2.3 气候差异的推手

2.3.1 地转偏向力

地转偏向力是指地球上一切做水平运动的物体，由于地球自转而发生偏向的一种力。地转偏向力是由法国数学家古斯塔·加斯佩德·科里奥利于公元1835年研究发现的。由于地球的自转；当物体相对于地面运动时，对于站在地面上的观察者来说，感到物体运动的方向发生了改变，于是便设想物体受到一种力的作用，此力就被称为地转偏向力，也就是物理学中的科里奥利力。

在北半球，假若一物体自南向北运动，物体起始时地面向东偏移的线速度大，末了地面向东偏移的线速度小，由于惯性物体仍保持原来向东的线速度，于是站在地球上看物体前进的方向也就向东边偏离原来经线的方向；假若一物体自北向南运动，物体起始时地面向东偏移的线速度慢，末了地面向东偏移的线速度快，由于惯性物体仍保持原来向东的线速度，于是站在地球上看物体前进的方向也就向西边偏离原来经线的方向。物体移动的速度越快，其偏离得也就越多，且都是向移动方向的右侧偏移。在南半球，其结果正好相反，物体会向移动方向的左侧偏移。这就是地转偏向力。

地转偏向力是由于地球自转而产生的，它不是真正的力，而是惯性力。它只

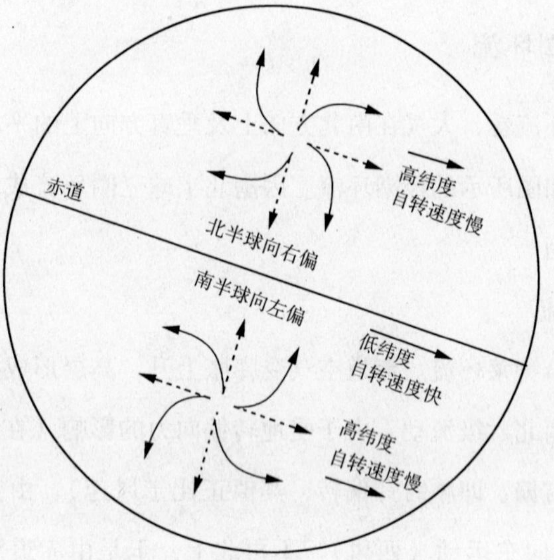

地转偏向力示意图

在物体相对于地面运动时才产生，只改变物体运动的方向，不改变物体运动的速度；其值正比于运动速度，随纬度升高而增大，赤道附近运动物体不受偏向力的影响。地转偏向力可分解为水平地转偏向力和垂直地转偏向力两个分量。

受地转偏向力的影响，北半球的河流总是冲刷右岸。由于古代生产力低下，只能任凭河流自由弯曲，弯曲到一定程度，量变达到质变，河流开始改道，千百年来黄河一次一次地改道，地转偏向力就是最主要的原因。

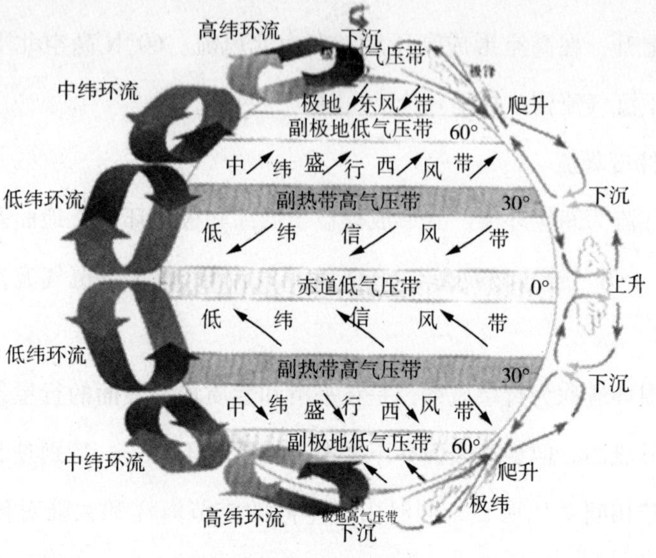

大气环流示意图

2.3.2　三圈环流

从全球经向环流看，大气在南北方向上及垂直方向上的平均运动，在南北半球分别构成三个如图所示的经圈环流。因南北半球三圈环流成因相同，仅介绍北半球三圈环流成因。

（1）低纬环流

低纬环流即哈特莱环流。赤道空气受膨胀上升，高层形成高压后，受气压梯度力的驱动，向南北六级流动。由于受地转偏向力的影响（在北半球，地转偏向力使气流运动向右偏，即顺时针偏转，其值正比于风速），由赤道北上的高层空气，在30°N转为向东运动（西风），不再北上，于是由赤道源源北上的空气在30°N聚集下沉，在地面形成高压，该高压称副热带高压。在气压梯度力的作用下，地面副热带高压南北分流，南支气流南下赤道，与赤道上升气流构成低纬环流。

（2）极地环流

极地环流即费雷尔环流。由于极地接受的太阳辐射少，温度低，空气冷却收缩，空气密度大，在地面形成冷高压。在气压梯度力的作用下，极地高压中空气向南流动（同时引起极地下沉运动），在60°N与副热带高压北上相遇，两支相向气流辐合上升，在高空形成高压后，有南北风流。60°N高空北上气流，至极地后与极地下沉气流构成极地环流。

（3）中纬度环流

中纬度环流为间接环流，其形成得益于低纬和极地环流。地面副热带中北上气流与60°N上升气流，以及高空60°N南下气流与30°N下沉气流，构成中纬度环流。

上述三圈环流称为行星风系，是在平滑和性质均一表面的行星条件和地转偏向力作用下形成的。但地球表面并不平滑，性质也不均一，特别是北半球，地势起伏大，海陆相间对比明显，同时由于不同的季节海洋和大陆对环流的影响不同，因而行星风系常遭破坏，环流常发生季节和地方变化。

2.3.3　善变的季风

季风是以一年为一个周期的大范围对流现象，它的形成是海陆分布、大气环流、大陆地形等因素共同作用，冬夏两季海洋和陆地的温度差异而导致的气压差所造成的结果。季风是指由于大陆及邻近海洋之间存在的温度差异，而形成大范围盛行的、风向随季节有显著变化的风系。季风和风带一样同属行星尺度的环流系统，是大范围盛行的、风向随季节变化显著的风系，夏季由海洋吹向大陆，冬季由大陆吹向海洋，具有大气环流的特征。

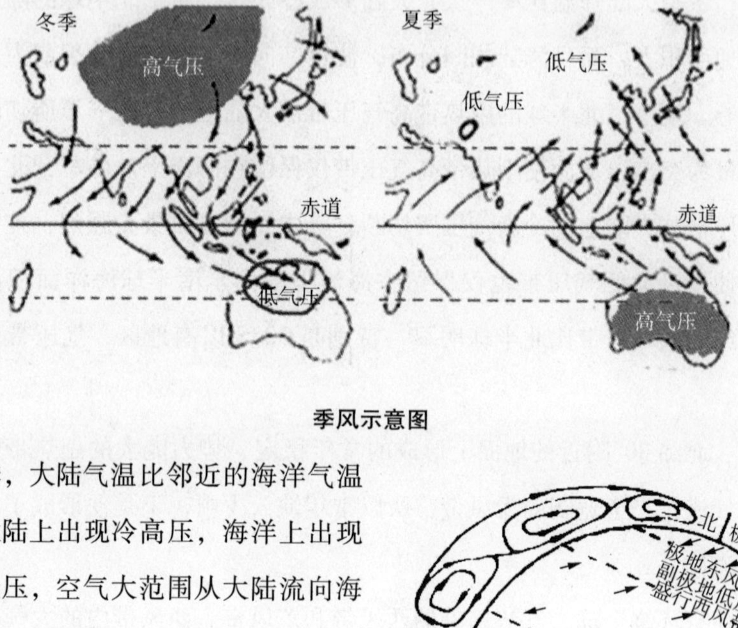

季风示意图

冬季，大陆气温比邻近的海洋气温要低，大陆上出现冷高压，海洋上出现相应的低压，空气大范围从大陆流向海洋，形成冬季季风。冬季季风在北半球盛行北风和东北风，尤其是亚洲东部沿岸，北风季风从中纬度一直延伸到赤道地区，这种季风起源于西伯利亚冷高压。非洲和孟加拉湾地区也有明显的东北风吹到近赤道地区，东太平洋和南美洲虽有冬季风出现，但没有亚洲地区显著。

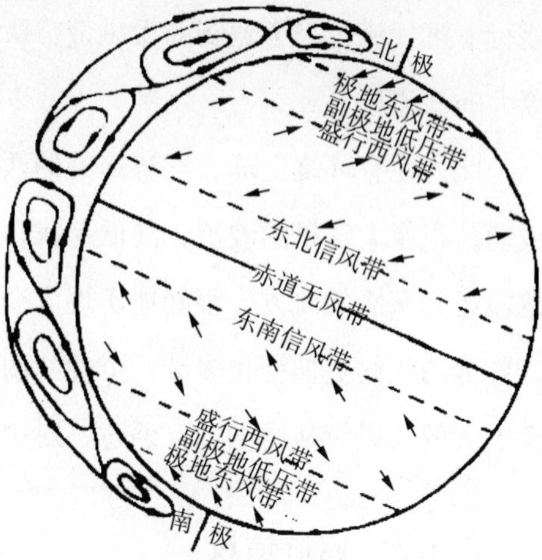

地球风带示意图

夏季，海洋温度相对较低，大陆温度较高，海洋高压加强，大陆出现热低压；这时北半球盛行西南和东南季风，在印度洋和南亚地区最为显著。西南季风大部分源自南印度洋，在非洲东海岸跨过赤道到达南亚和东亚地区，甚至到达华中地区和日本。另一部分东南风主要源自太平洋，以南风或东南风的形式影响中国东部沿海地区。夏季风一般经历暴发、活跃、中断和撤退 4 个阶段。

2.3.4 副热带高压带与东西风带

海陆的热力性质，影响到海陆的气压分布。夏季大陆增温比海洋快，大陆形成热低压；冬季大陆降温比海洋快，大陆形成冷高压。由于北半球的陆地面积比南半球陆地面积大，而且海陆相间分布，使得纬向的气压带被分裂成为一个个高低气压中心。夏季，北半球的副热带高气压带被大陆上的热低气压所切断，其中亚洲低压最为突出，从而使副热带高气压带仅保留在海洋上。冬季，北半球的副极地低气压带被大陆上的冷高气压所切断，其中亚洲高压最为强烈，控制范围广大，这就使副极地低气压带也仅保留在海洋上。由于南半球海洋面积占绝对优势，致使纬向的气压带比北半球明显，特别是 30°S 以南地区，气压带基本上呈带状分布。

在南、北纬 30°附近的地面上形成的常年稳定、势力庞大的副热带高压带内盛行下沉气流，是个宽阔的无风带，所以常年缺云少雨，于是便形成了回归圈内庞大的沙漠群。

此外还有环绕全球、气势磅礴的西风带和东风带。西风带内的大气有明显的波动，很像大江里的波浪，高低起伏，奔腾不息。大气环流运动把热带剩余的热量输送到寒冷的北方，很好地实现了全球范围内水汽、热量的输送和交换，使地球各地的气候更加变化多端，个性鲜明。由于中国绝大部分地处中纬度地区，规模宏大的西风带从中国上空通过，对中国的天气、气候有很大影响。

2.3.5 赤道信风

信风指的是在地面从副热带高压带吹向赤道低气压带的风。信风在赤道两边的低层大气中，北半球为东北风，南半球为东南风，这种风的方向很少改变，年年如此，稳定出现，很守信。

中国古代文献中，“信风”这个词指的是“随时令变化，定期定向而来的风，即季候风”，古代商船常借助信风，往来于海上进行贸易。所以，信风在英文中的名字 trade wind ，有时候被错误地译成贸易风。trade 这个词并非现代英语中贸易的意思，而是来自中古英语，相当于 path、track 的意思，所以 trade wind 原意是“在常轨上的风”。英语 trade wind 就是汉语的信风，翻译成贸易风是不对的。

人类对信风早已有了深刻的认识，古代人们就利用信风实施航海活动，曾经取得了辉煌的成就，一个很好的例子就是明代的郑和下西洋。1405 年 7 月 11 日（明永乐三年），明成祖命太监郑和率领 240 多艘海船的庞大船队远航，造访了 30 多个西太平洋和印度洋的国家和地区，加深了明王朝和南海（今东南亚）、东非的友好关系。在以后的 28 年间，郑和 7 次奉旨率船队远航西洋，航线从西太平洋穿越印度洋，直达西亚和非洲东岸，途经爪哇、苏门答腊、苏禄、彭亨、真腊、古里、暹罗、阿丹、天方、左法尔等 30 多个国家和地区。他的航行比哥伦布发现美洲大陆早 87 年，比达·伽马早 92 年，比麦哲伦早 114 年。在世界航海史上，他开辟了贯通太平洋西部与印度洋等大洋的直达航线。今天的西方学者也承认，对于当时的世界各国来说，郑和所率领的舰队，从规模到实力，都是无可比拟的。郑和下西洋 7 次，除了第一次夏季启航秋季返回外，其余 6 次都是在冬季顺风出发，又在西南季风期间顺风返回。

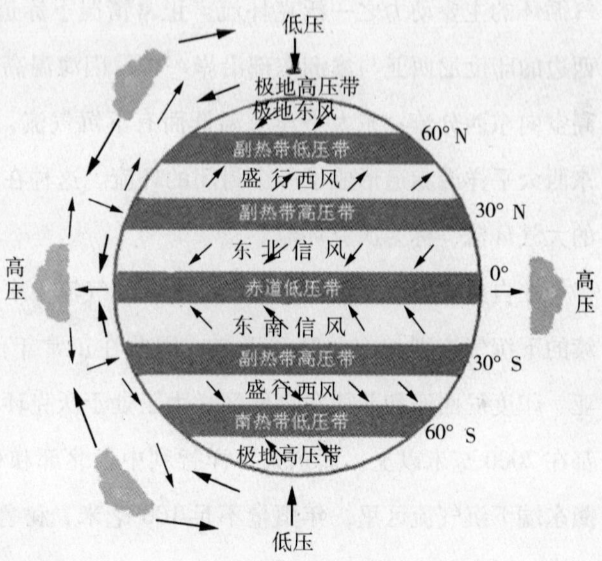

全球信风分布示意图

1519 年 8 月，当葡萄牙的航海家麦哲伦第一次越过南半球的西风带向太平洋驶去的时候，发现长达几个月的航程中，大海显得非常顺从人意。开始海面上一直徐徐吹着东南风，把船一直推向西行，后来东南风渐渐减弱，大海变得非常平静，最后船队顺利地到达亚洲的菲律宾群岛。他们当时并没有意识到，这其实是依赖了信风的帮助。

2.3.6 沃克环流与“圣婴”“圣女”

1960年，雅各布·皮叶克尼斯（Jacob Bjerknes）发现了热带太平洋上空大气循环的主要动力之一沃克环流。正常情况下赤道太平洋水温分布是西高东低，西边的印度尼西亚与澳洲东部沿岸一带，因海温高而有旺盛上升气流，气流升至高空向东西分流；东太平洋海温低而有下沉气流，到达海面再沿赤道向西运动。东西太平洋沿赤道形成了一个封闭的环流。这种在低纬度太平洋上空沿纬向流动的大气环流，称为沃克环流。

在自然界中，持续的上升气流意味着气流中水汽不断凝结和大量降雨，而持续的下沉气流则相应久晴和干旱。因此在正常年份里，赤道西太平洋的澳大利亚、印度尼西亚和菲律宾等地区，由于处于沃克环流圈西端上升气流中，年雨量都在2000毫米以上。而东太平洋智利中、北部和秘鲁等地区，因处在沃克环流圈东端下沉气流区里，年雨量不足100毫米，秘鲁首都利马只有29毫米，市内为大量适应干旱气候的土质房屋。

沃克环流说的是正常年份，赤道太平洋海区盛行热带东风，也就是信风，把赤道中、东太平洋表层暖水吹到西太平洋堆积，海面因此也比东太平洋高出1米左右，使西太平洋成了世界上最暖的海域，水温可达29～30℃。而中东赤道太平洋海区则由于东风吹走了表层海水，深层冷水涌升补充，因此这里便成了世界赤道海区中温度最低的海域，一般只有23～24℃。

但这种模式每2～7年便被打乱一次。如果信风减弱，甚至吹西风，赤道西太平洋的暖海水就会反向东流，同时中东太平洋深层冷水涌升现象便会大大减弱以至停止，中东太平洋海温因此而异常升高，厄尔尼诺现象也就出现了。如果信风异常强烈，赤道中东太平洋表层暖水西流加大，深层冷水上涌现象更加明显，于是西太平洋海面海水更暖，而中东太平洋海面海水更冷，拉尼娜现象也就出现了。

厄尔尼诺现象发生时，赤道中、东太平洋海水升温，出现上升气流，而西太平洋海水降温，上升气流减弱以至出现下沉气流，使得沃克环流圈发生了东移。沃克环流圈一旦东移，西太平洋本来多雨的地区，雨量便大幅度减少，澳大利亚、印度尼西亚和菲律宾等地区便会发生严重干旱，森林火灾频发。而东太平洋秘鲁等原本干旱的地区，因为上升气流增强，却出现了大量暴雨，常造成山洪暴发，淹没土地，城市中土质房屋大量倒塌。厄尔尼诺现象通常发生在圣诞节之前，使该海区平均温度超过常年均值的 0.5℃以上且持续半年并出现异常事件，给非洲、中东、印度、东南亚、澳大利亚和美洲等热带地区带来暴热的天气和干旱。这种现象不是孤立的现象，它是热带海洋洋流与大气相互作用的产物，全过程分为发生期、发展期、维持期和衰减期，历时一般一年左右。1997 ~ 1998 年厄尔尼诺现象就曾使这里上百万人无家可归。

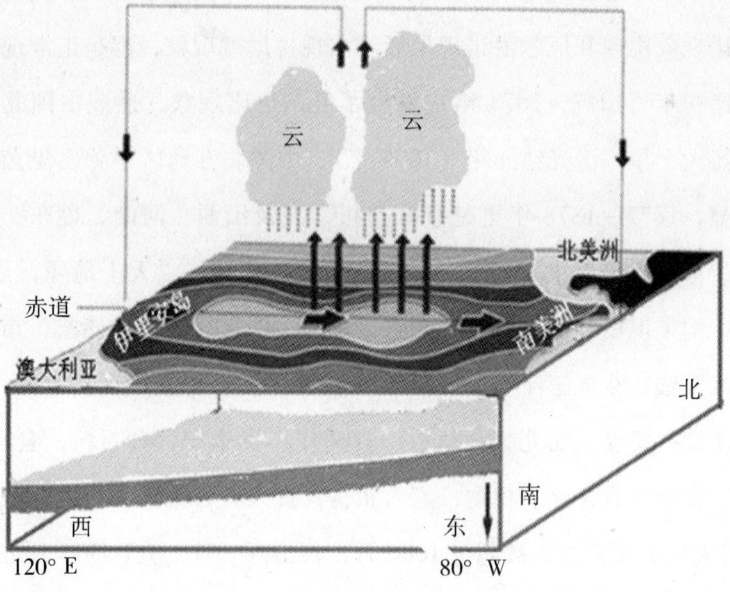

厄尔尼诺现象示意图

厄尔尼诺是西班牙语 El Nino 的音译，本意是“小男孩”。秘鲁沿海海水季节性正常升温期间，渔民捕不到鱼，他们认为这是小男孩淘气引起的，便把这种现象叫做“小男孩”，现在一般都把 El Nino 译为“圣婴”或“耶稣之子”。

一般情况下，厄尔尼诺现象之后会发生拉尼娜现象。拉尼娜现象是指赤道东太平洋和中太平洋洋面异常持续低温，是冷事件，因此又称为反厄尔尼诺现象。拉尼娜是西班牙语 La Nina 的音译，有“小女孩”的意思。既然厄尔尼诺译为“圣婴”或“耶稣之子”，就自然地把拉尼娜称为“圣女”了。

对于厄尔尼诺和拉尼娜现象的成因，相关学科也有一些解释。地理学界有人认为是地下火山的作用造成的，但火山之说无法解释拉尼娜现象。厄尔尼诺和拉尼娜现象并非主要由人类活动所引起，其真实的成因有待进一步探索研究。特别是20世纪90年代以来，厄尔尼诺现象几乎年年出现，造成了全球重大灾害，成为全球关注的一个新热点。

厄尔尼诺现象一般平均每3～4年发生一次，每次持续半年至一年，然后逐渐降温消退。如果海温降到了平均值以下，并达到一定标准，也就发生了拉尼娜现象。在1980～1989年，共发生了6次厄尔尼诺现象，而拉尼娜现象只在1984～1985年、1988～1989年、1995～1996年和1999年发生了4次。拉尼娜现象紧跟厄尔尼诺现象出现和厄尔尼诺现象后不出现拉尼娜现象，都是正常现象。

清光绪初年（1877～1878年）发生了厄尔尼诺现象，造成中国北方地区百年不遇的特大干旱。清光绪元年（1875年），中国北方地区旱象已见苗头，第二年更趋明显，1877～1878年更是登峰造极，涉及山西、河南、鲁东、陕西、陇东、川北、苏北以及直隶等地区。《万国公报》中说：“天干地燥，烈日如焚，河道断流，沟渠俱枯，田土龟裂，赤野千里。……官仓匮，民储罄，市贩绝，客粜阻。斗米千钱，斗米三千钱，斗米五千钱……卖田，卖屋，卖牛马，卖车辆，卖农具，卖妻、卖女、卖儿。食草根，食树皮，食牛皮，食石粉，食泥，食纸，食死人肉，食死人骨。路人相食，家人相食，食人者为人食……饿殍载途，百骨盈野。”特大旱灾死亡总人数超过1000万，仅山西一省，就达500万之多，而当时山西总人口也只有1600万。

2011年8月，英国研究人员说，在过去50年间，厄尔尼诺现象帮助催生了世界范围内1/5的冲突事件。最新一项研究表明，在遇上厄尔尼诺气候影响的年头，战争、内战以及各种冲突发生的可能性是平时的两倍。这种3～7年就会重复发作的气候现象，给地球带来的影响包括气温升高、降雨减少等。厄尔尼诺现象发生时，沃克环流圈东移，还可以通过相邻的其他环流圈的调整或其他方式影响到世界大部分地区，这就是厄尔尼诺现象能引起世界性气候异常的主要原因。

厄尔尼诺现象对世界各地气候异常的影响大体分为直接和间接影响两类。沃克环流圈影响所及的赤道太平洋周边地区，称为直接影响区。因沃克环流圈东移，通过相邻其他环流圈而影响到的地区，或者通过海温变化和其他方式使邻近大气环流系统加强、减弱或位置发生移动而影响到的地区，称为间接影响区。和直接影响区相比，间接影响区不仅相关程度低得多，甚至影响方向也可以相反。间接影响区中影响程度的不确定性，主要是因为厄尔尼诺现象只是影响当地气候异常的一个因子，而决定一个地区气候异常最主要的因子乃是当地大气环流的变化。远处再强的天气系统，也要通过当地大气环流的改变才能起到作用。因此，间接影响区里，把所有气象灾害都归因于厄尔尼诺现象，显然是不合理的，厄尔尼诺现象发生期间，地球自然灾害并非都是厄尔尼诺现象所引起。

厄尔尼诺虽然造成了世界许多地区的灾害，但同时也孕育了新的有利条件和机遇，对善于利用者而言，它们都是财富。世上没有绝对的坏事或好事，此时此地的坏事到了彼时彼地可能就成了好事。以素有世界粮仓之称的阿根廷，东北方向紧邻秘鲁，在20世纪八九十年代6个厄尔尼诺现象发生的年份，除了少数地区确实成灾外，绝大部分地区都因为降水较丰富而农牧业获得丰收。1982～1983年强厄尔尼诺现象发生年，阿根廷也是大丰收年。1997～1998年，世纪最强厄尔尼诺现象发生年，阿根廷全国粮油总产量达到6700万吨，破1982～1983年全国历史最高纪录。厄瓜多尔、秘鲁和智利的干旱地区也有类似情况，智利境内素称不毛之地的阿塔卡马沙漠，厄尔尼诺现象发生年出现了250多种鲜花，争奇斗艳，吸引了许多游人前去观光。厄尔尼诺现象发生年秘鲁鱼产量虽剧降，但秘鲁以南的沿海区域，鱼类、扇贝和虾类的海产品却大幅度增产。厄尔尼诺现象引起的东亚暖冬凉夏现象，节省了冬季取暖和夏季空调降温的能耗。韩国冬季每升温1℃，取暖燃油消耗便减少1.8%，1997年的暖冬使韩国能耗节省了3500亿韩元，相当于当时的2.3亿美元。凉夏本对喜热的水稻等作物不利，但19世纪六七十年代的凉夏使日本培育出了耐寒高产水稻。

2.3.7 火山爆发

火山爆发也是影响气候变化的重要因素。几乎每一次大规模火山爆发，不但会给发生地带来惨痛的灾难，由于弥漫在大气中的火山灰具有“阳伞效应”，会使局部甚至全球大部气温降低。现以历史上最大规模的两次火山爆发为例，看看它们对地球气候的影响。

坦博拉斯火山大爆发：海拔高达2850米的坦博拉斯火山，是印度尼西亚松巴哇岛上的一座活跃的复式火山。1815年，这里发生了人类历史上最大规模的7级火山爆发，释放出超过1000亿立方米的物质，大量的火山灰落在了远达婆罗洲、苏拉威西岛、爪哇岛和马路古群岛的区域。

火山爆发

火山爆发后，火山灰瀑布般倾泻到松巴哇岛以及龙日、巴厦、马都拉和爪哇等其他岛屿。无数沙土及火山灰抛向方圆500千米的天空，整个天空被黑色笼罩，遮挡了阳光，漆黑一片，黑暗使得与法国领土同样大小的这块土地上的几百万人陷入恐慌。距坦博拉斯火山3千米处地区的住宅及其他建筑，被厚厚的火山灰压垮。

坦博拉斯火山抛向大气的火山灰影响了北美洲和欧洲的气候，造成全球气候异常：伦敦的气温比常年下降了2～3℃，爱尔兰和威尔士都发生了饥荒，北美洲那一年农作物歉收，家畜死亡，亦导致了19世纪最严重的饥荒。因此1815年被称为“没有夏日的年份”，而所有这一切都归咎于几千千米外的坦博拉斯火山。

坦博拉斯火山喷发散发出来的能量，相当于20万个原子弹爆炸的能量，使得这块曾经繁荣的地方变成了一片荒原。在此次喷发中死去了9.2万人，整个地区仅有29人幸免于难。接踵而来的是比马湾的海啸和饥荒，无数楼房被摧毁，大树被连根拔起，锚地里的大商船被抛到岛上很远的地方；松巴哇岛上饿死万人，巴厘岛也有近5000人死于饥荒。震惊整个印度尼西亚群岛甚至整个世界的坦博拉斯火山喷发，是历史上近几千年来危险性最大、最具破坏力的灾难之一。

菲律宾的皮纳图博火山大爆发：地处菲律宾吕宋岛、海拔1436米的皮纳图博火山是一座层状活火山。经过600多年的沉寂，1991年4月2日，发生了蒸汽爆发；6月15日，火山猛烈喷发，被火山学家评为20世纪地球上第二大火山喷发。

这次火山大爆发持续时间长达两年之久。抛出的火山碎屑物沿山坡滚滚而下，填满了附近的深谷，最厚达200米。到1996年，这些火山堆积物的温度还有500°C。火山爆发喷出的2000万吨二氧化硫，加之大气中遮天蔽日的火山灰尘埃，使得全球气温降低了1℃，并且数月后，二氧化硫大量注入平流层的气溶胶，形成了一层硫酸雾，臭氧层损耗也在短期内大幅增加。

由于在6月15日前，菲律宾火山地震研究所和美国地质调查局的火山学家已做出比较准确的预测，6月10日起，先后约有25万人从火山旁边及附近的低地撤走，附近机场上的飞机也撤离了，从而至少避免了5000人死亡和2.5亿美元的财产损失。由于预防措施得当，皮纳图博火山喷发仅造成了800人死亡。尽管如此，还是导致10万人无家可归，100万人的生命安全受到威胁，造成了5亿美元的财产损失，其灾难性后果也是罕见的。

2.4 复杂气候生成原因

2.4.1 地理条件

地球的表面若是均匀一致的，则气候具有带状分布的特点。实际上地球的表面错综复杂，海洋、陆地和各种各样的地理地形，这种不同性质的下垫面与太阳辐射、大气环流之间相互作用，便产生了极其复杂的气候情况。所以，地理条件是复杂气候形成的主要原因。

地理条件对气候形成的影响表现在地理纬度、海陆分布、地形和洋流上。纬度是影响气候的最重要因素，太阳辐射的分布完全取决于纬度，而大气中的热能又是来自太阳辐射，故温度随纬度具有带状分布的特点。一般是纬度越低，气温越高；纬度越高，气温越低。各地区所处的纬度不同，是造成世界各地气温不同的主要原因。

海陆分布改变了气温和降水的地带性分布。由于陆地没有海水的热容量大，所以陆地的升温和降温都比海洋快，这就造成了陆地温度变化急骤，海洋温度变化缓慢。在海洋或近海的地方，气候特点是冬暖夏凉，气温的日变化和年变化较小，降水的季节分配也比较均匀；而内陆地区温度变化悬殊，冬季寒冷，夏季炎热，干湿季也比较分明。

地形对气候的影响主要表现在海拔高度和坡向。一般说来，气温随海拔升高而降低，大约每升高 100 米，气温下降 0.6℃，因此山顶的气温比山脚低。降水在一定高度的范围以下，是随高度的升高而增加的，但到达一定高度以上，却又随海拔高度的增加而减少。山地降水还因坡向而不同。在山脉的迎风坡，气流被迫抬升产生强烈的上升运动造成大量降水，成为“雨坡”；在山脉的背风坡，由于气流下沉增温作用，具有焚风效应，故干燥少雨，成为“干坡”。因此，高山地区气温和降水在垂直方向上的分布类似于在水平方向上随纬度呈现出带状分布，热带地区的高山从山麓到山顶先后出现从热带到寒带的垂直气候带。

海洋中海水有规律的运动，称为洋流。洋流对其流经的大陆沿岸的气候有一定的影响，因为海水的传热能力比大气高许多倍，所以洋流调节了纬度间的温差，在低纬与高纬间的热量传输方面起了重要作用。从低纬度流向高纬度的洋流，因含有大量的热能，对流经的沿海地区起到增温增湿的作用；从高纬度流向低纬度的洋流，水温低于周围海面，对所流经的沿海海面有降温降湿的作用。其次，由于海洋东西两岸冷暖洋流水温的差异，在盛行气流的作用下，使同纬度大陆东西两岸气温产生显著区别，破坏了气温随纬度增加而降低的分布规律。此外，暖流沿岸多降水，冷流沿岸多雾。

纬度的差异是造成气温高低的根本原因，也是气候形成的根本原因。比如南北回归线之间，一年有两次太阳直射，接受的太阳辐射多，气温较高，是热带；两极接受的太阳辐射少，气温低，非常寒冷，是寒带；介于两者之间的中纬度地带，接受的太阳辐射介于二者直接，气温也介于二者之间，属于温带。

2.4.2 地形影响气温

气温随海拔高度的升高而降低，冰雪覆盖的山峰也清晰地显示出高处的寒冷。白天大气变暖，气温上升，并不是因为空气直接吸收了太阳光短波辐射热量的结果。空气分子是几乎不吸收波长比较短的太阳光线的热量的，而是由地面吸收了太阳短波辐射热量，升高地面温度后，再通过对流辐射等方式，由地面再增热大气。夜间气温降低，也不是空气直接向宇宙太空辐射热量的结果，而是由于地面向宇宙空间放射散失长波辐射的热量而冷却，大气与冷却的地面接触，将自身热量慢慢传给地面而逐渐降低气温。此外，还有坡向的影响。在北半球，同一季节、同一日子里山南山北气候不一般，山南温暖，而山北寒冷。

唐朝诗人白居易写有一首《大林寺桃花》："人间四月芳菲尽，山寺桃花始盛开。常恨春归无觅处，不知转入此中来。"意思是说，平地上四月份花朵早已凋谢的时候，高山上寺庙里的桃花刚刚盛开。常常悔恨春天归去再无处寻觅，竟然不知道平地的春色移到了高山之上。白居易没有继续攀登，如果继续往上攀登，还会看到山顶的冬天。也许山顶一年只有冬天，即使平地进入盛夏季节，山顶也许仍是寒风刺骨，白雪皑皑，青藏高原等雪线以上区域正是这种情况。

高原上大气薄、密度小，海拔 1500 米高山上的大气减薄了 15%，海拔 3000～3100 米高山上减薄了 30%，海拔 5500 米高山上减薄了 50%。大气的变薄，对于太阳光线来说，到达地面的路途上损耗固然要减少一些，但是减少得很有限。可是因为大气变薄，大气中的水汽和云也少了，地面向宇宙空间以长波辐射而散失的热量却大大增加。所以随着海拔高度的增加，气温是逐渐降低的。如果山再高些，夏季就不是凉爽，而是寒冷了。

珠穆朗玛峰北麓拔海 4300 米处有个定日气象站，记录最冷的 1 月平均气温 -11.3℃，比沈阳还稍稍暖和些，极端最低气温 -46.4℃，也比北极村漠河稍高些。再高就没有气象站了，但定日气象站有无线电探空观测，用内插的方法可以大致算得珠穆朗玛峰以1月最冷，月平均气温大约是 -36.0°C，比北极村漠河还冷，相当于东西伯利亚南部温度；以7月最暖，月平均气温 -19.0℃左右，和隆冬1月的哈尔滨近地面气温相近。珠穆朗玛峰被誉为世界第三极，珠穆朗玛峰的温度低于北极而仅次于南极，真的是珠穆朗玛峰似北极，高处不胜寒。

2.4.3 地形影响降水

迎风山地对降水的形成具有促进作用，从而形成了“山前山后两重天”的景象，一山之隔，山前山后往往干湿悬殊，使局地气候产生显著的差异。气流从平原上吹来，无声地爬上了山坡，爬着爬着，气流中出现了云，接着便下起雨来，这种情况在山区里经常出现。因为气流在上升过程中体积不断膨胀，内能减少，气温就不断降低。当气流中气温降低到它所能包含水汽的能力低于水汽实际含量时，多余的水汽就会在气流中无数微小的凝结核上迅速凝结，形成云滴从而产生云。当云滴经过云物理过程形成雨滴，雨滴增大到上升气流托不住它的时候，就开始下雨了。往往山下或山腰降小雨或中雨，而山上则降中雨或大雨。因此降雨强度和降雨持续时间均随拔海高度增加而增大，这是山区气候的一个普遍规律。

地形雨示意图

当空气层结是对流不稳定或条件不稳定时，风经过山地受到阻碍，引起气流的抬升运动，抬升空气达到凝结高度后，在不稳定层结条件下，上升运动可继续发展，空气中水汽凝结而成云致雨。当低压或锋面天气系统移到山地迎风坡时，因地形的阻挡，低压或锋面天气系统移动滞缓，因而导致气旋雨或锋面雨，降雨时间延长，降雨强度增大。当气流进入谷地时，由于峡谷喇叭口效应，引起气流辐合上升，如果空气潮湿，层结条件又适宜时，就会产生降水。

在大陆性气候区，夏季由于山坡南北增温情况不同，或由于谷底与山坡增温比谷上空气增温快，会产生局部热力对流，形成对流雨或雷暴雨。气流经过崎岖不平的地形区域，因摩擦力的影响产生湍流上升运动，在其他条件适宜时，往往形成低层云或层积云，产生小量降水，如毛毛雨、小雨等。由于中纬度地区高空处在西南引导气流里，云多是自西而来，所以高耸的山脉东麓年雨量总是偏少，年平均温度总是偏高。

中国西北干旱地区的山麓平地，一般都是荒漠或半荒漠景观。但是随着海拔高度的增加，降水逐渐增加，而地面蒸发和植物叶面蒸腾总和的蒸散量则因为气温降低、湿度增大而逐渐减小，因此气候逐渐湿润，植被景观也不断发生变化。天山北坡山麓的通古特荒漠年雨量大约只有 150 毫米，海拔 654 米的乌鲁木齐市年雨量为 247 毫米，只能生长草类。当然也有草原土质的原因，乌鲁木齐市区马路两旁笔直的参天白杨，就是依靠人工定期灌溉生长的。再向海拔高处，树木开始出现了，以后越来越多，大约在 1800 米高度上已是成片森林，到了 2200 米高度以上，夏季月平均温度低于 10℃，因温度过低森林带重又过渡到草原带。祁连山北坡、阿尔泰山西南坡、贺兰山两坡均有这种情况，只不过树种和林带高度、宽度有所不同。如果山顶高度低于森林线下界高度，或者因气候干旱，森林可能出现的高度上最热月气温低于 10℃，那么森林带就不会出现。因而干旱地区的低山上没有森林，而天山南坡、昆仑山北坡等也没有森林。北疆被誉为小江南，阿尔泰山西南坡降水则更多，芳草萋萋的草原可以伸至山麓。

2.4.5 地形改变雨季

爬山气流由于一路上降下了大量的雨水，消耗了大量水汽，等到它爬过山顶开始下坡的时候，气流中所含的水汽就很少了，因而背风坡上的雨量要比迎风坡同高度上少得多。山脉越高，山脉两侧的雨量相差越大，譬如南北美洲西峰山脉迎风坡年雨量是背风坡的10倍以上，以至产生迎风坡景观为森林而背风坡则为荒漠半荒漠的巨大差异。

中国属季风气候，冬夏季盛行风向相反，因此迎、背风坡位置也一年一度变换。不过由于中国雨季在夏季，冬季气流十分干燥，因此决定年雨量迎、背风坡位置的主要是在夏季。譬如长白山支脉辽东半岛上千山山脉为东北－西南走向，正好垂直于夏季湿润东南季风的来向，因而迎风坡为东南坡，雨量、雨日和暴雨均比背风的西北坡多得多。迎风坡的丹东、宽甸雨季7～8月总雨量多达600～700毫米，而背风的沈阳、营口只有350～400毫米，迎风坡一日最大降水量可达300～400毫米，而背风坡仅有150～200毫米。

中国坡向对雨量影响最大的山脉是喜马拉雅山，迎风南坡下部年雨量普遍在2000毫米以上，巴昔卡高达4495毫米，植被为森林。可是越过喜马拉雅山脊，拔海3000～3500米的雅鲁藏布江河谷中年雨量仅400毫米左右，呈半干旱景观。

台湾的火烧寮是中国年雨量冠军，火烧寮位于基隆、台北、宜兰三县市交界的迎风面，除西南方海拔较高外，其西、北、东、东南等地势逐渐向外倾斜，有利于地形雨的形成。每年9月到次年3月的东北季风挟带大量水汽南下，在火烧寮受到地形拦截形成稠密的雨势。夏秋季的台风，瞬间降水量更惊人。火烧寮是夏季风必经之地，深受夏季风的影响，火烧寮常形成地形雨。

地球表面错综复杂，有海洋、陆地和各种各样的地理地形，这种不同性质的下垫面与太阳辐射、大气环流之间相互作用，便产生了极其复杂的气候情况。

地理条件对气候形成的影响表现在地理纬度、海陆分布、地形和洋流上。纬度是影响气候的最重要因素，太阳辐射的分布完全取决于纬度，而大气中的热能又是来自于太阳辐射，纬度越低，气温越高；纬度越高，气温越低。

海陆分布改变了气温和降水的地带性分布。由于陆地没有海水的热容量大，所以陆地的升温和降温都比海洋快，这就造成了陆地温度变化急骤，海洋温度变化缓慢。在海洋或近海的地方，气候特点是冬暖夏凉，气温的日变化和年变化较小，降水的季节分配也比较均匀；而内陆地区温度变化悬殊，冬季寒冷，夏季炎热，干湿季比较分明。

3　地球气候的分布

地球上因为有海陆分布，有山地、丘陵、平原等海拔高度的差异，所处地理经纬度不同，又受大气环流的影响，因而形成了世界各地缤纷的气候。海洋性气候的特点是夏日凉爽，冬天不冷，日温差小。大陆性气候的特点是气候干燥，冬冷夏热，气温的年、日较差都比较大。

世界上的气候类型多种多样，但绝大多数是以景物特征命名的，如沙漠气候、雨林气候、草原气候等，唯独地中海式气候是以具体的地名命名的，可见地中海地区是这种气候类型最典型的地区。并不是只有地中海地区才有这种气候，在北美洲的加利福尼亚沿海、南美洲智利中部、非洲南部的开普敦地区和大洋洲南部以及西南部等地区也都有这种气候，它们大都位于纬度30°－40°，且都在大陆的西海岸或南海岸。由于这些地区冬季在来自海上的温带西风控制下，潮湿气团带来了较多的雨水，而夏季则受副热带高压控制，气流由陆地散向四周，很难成云致雨，因而形成了炎热、干燥的气候特点。

草原气候属于沙漠气候和湿润气候之间的过渡性气候。其特征是降水量偏少，以夏季阵性降雨为主，气候干燥，高大的树木无法生长。草原地区冬季寒冷而漫长，夏季短促，气温不很高。全年日照时间较长，拥有较好的热量条件，适于牧草的生长。极端干旱的沙漠气候，跨越纬度大，不同区域气温差别很大，干旱少雨。

高原气候是指高原条件下形成的气候。全球中、低纬度地区的著名高原有中国的青藏高原、云贵高原、内蒙古高原和黄土高原，美国西部高原，南美洲玻利维亚高原和东非高原等，由于它们的地理位置、海陆环境、海拔高度和高原形态上的差异，气候也各不相同。高原气候具有明显的垂直气候带，气温、降水等气候要素随地势增高而呈垂直变化，从而形成了垂直气候带结构，不同的山地或高原具有不同的气候带结构。

按照地球表面接受太阳辐射量的多少，一般将地球表面划分为热带、温带和寒带三个气候带，在热带和温带之间又存在着亚热带过渡带，温带和寒带之间存在着亚寒带过渡带。这种气候带完全是根据地理纬度和接受太阳热量的多少来划分的，被称为“纬度气候带”或“天文气候带”，与实际情况出入很大。

德国气候学家柯本觉得这样划分不能完全反映气象特征，1918 年又以气温和降水两个要素为基础，参照自然植被的分布，把全球气候分为五个气候带：热带多雨带、干燥带、温暖带、冷温带和极地带型。1936 年，阿里索夫提出以气团地理型为基础的气候分类法。斯查勒附和这种观点，认为天气是气候的基础，而天气特征和变化又受气团、锋面、气旋和反气旋所支配。斯查勒根据气团源地、分布，锋的位置和它们的季节变化，对全球气候分为三大带：低纬度气候带、中纬度气候带和高纬度气候带，各带之间又划分为若干气候型。

3.1 多姿多彩的世界气候带

世界气候带被划分为赤道气候带、热带气候带、亚热带气候带、温带气候带、亚寒带气候带、寒带气候带。

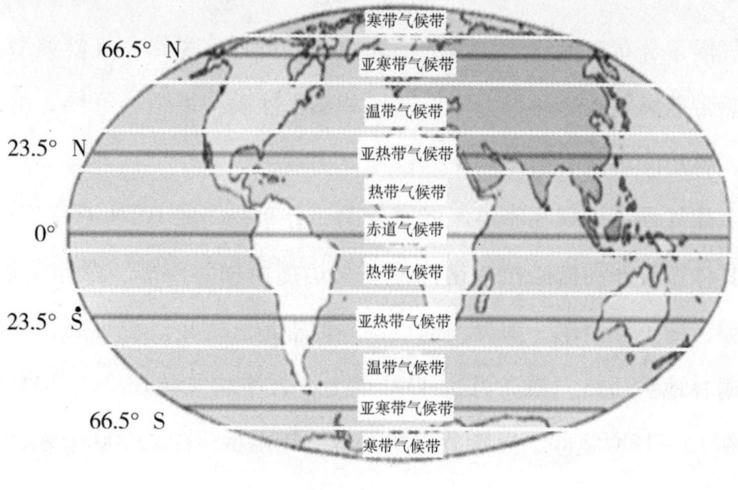

地球上的气候带

3.1.1 赤道气候带

赤道气候带也称为热带雨林气候带，位于10°N和10°S之间，主要分布在非洲的刚果河流域、南美洲的亚马孙河流域和亚洲的印度尼西亚等群岛。

赤道气候带常年高温潮湿，年降水量为2000～2500毫米，多雷雨天气，一年中平均有75～150天有雷阵雨，而印度尼西亚的茂物，每年雷雨日数超过320天。一天之中，清晨天气晴朗，凉爽宜人；临近午间，天空出现积云，对流发展旺盛，积云变浓变厚；午后天空乌云开始密布，电光闪闪，雷声隆隆，暴雨倾盆而下，往往持续到黄昏；雨后的夜晚天气稍凉，但到第二天日出后又变得闷热，新的积云雷雨再次孕育。赤道气候就这样日复一日、年复一年地重复着。

赤道气候带没有明显的春秋冬三个季节变化，全年都是夏季，虽然很热，但却不似大陆内地的夏季那样灼热烤人，极端最高气温很少超过38℃，最低气温很少低于18℃。赤道地区的高温多雨，成为动植物生长繁衍极为有利的区域，许多珍奇名贵的动植物多产于热带气候区内。繁茂的热带雨林，成为天然的氧吧，是制造氧气、吸收二氧化碳的巨大绿色工厂。赤道气候带对于调节全球气候、维护生态平衡和环境保护等具有非常重要的作用。

3.1.2 热带气候带

热带气候带分布在赤道气候带的南北两侧，可划分为四个气候类型：热带草原气候、热带季风气候、热带海洋性气候和热带沙漠与半干旱气候。由于海陆分布的影响，各地降水量有所不同，气候差异明显。

热带草原气候：出现在赤道气候带外围，分布在纬度10°N（S）至南北回归线附近，具体位于非洲撒哈拉以南高原、马达加斯加岛西部、西印度群岛部分、墨西哥高原、中美洲西岸、南美洲的巴西高原等地。终年气温很高，有些地方甚至比热带雨林地区还热，最高可达43℃以上，日平均气温在24～30℃之间，最冷月气温在15～18℃之间。全年分干湿两季，年雨量700～1000毫米，多集中在湿季。

北半球大致每年5～10月大陆低气压北移，形成湿季；11月到次年4月，大陆低气压南移，北半球热带草原盛行来自北回归线高气压带的信风，十分干燥，形成干季。南半球热带草原的干、湿季节时间与北半球恰好相反。湿季与赤道带相似，高温、多雨、闷热，气温日较差小，间有短暂的晴朗天气，越靠近赤道雨季越长，干季越短。湿季以后的干季，在信风控制下，盛行下沉气流，空气干燥，雨量极少，会导致植物凋萎，土壤干裂。

热带季风气候：分布在纬度10°N（S）到回归线附近的大陆东岸，包括中国南岭以南、亚洲南部、澳大利亚中北部、大洋洲岛国、北美洲南部、南美洲中部、非洲的北部和南部等。全年分为旱雨两季，气候特点是，风向随季节而变化，年降水量很大且集中于夏季风期间，冬季风时期干旱少雨。全年气温较高，年平均气温在20℃以上，长夏无冬，春秋极短。

热带海洋性气候：出现在10°～25°N（S）信风带大陆东岸及热带海洋中的若干岛屿上。由于长期受信风影响，又处于迎风海岸，终年盛行热带海洋气团，气候具有海洋性，气温年变化很小。各月降水量都比较多，没有明显的干季，但雨水集中在夏秋两季。这些地区往往以山脉作为气候区划的界限，山的迎风海岸降水特别丰富，属热带海洋性气候；而背风面降水量明显偏少，属热带草原气候。

热带沙漠气候：平均位置在15°～30°N（S）之间的大陆中心和大陆西部，譬如非洲北部的撒哈拉沙漠、西亚的阿拉伯沙漠和澳大利亚中部的大沙漠等地。

热带沙漠地区全年干旱少雨，气温变化剧烈，日较差可达50℃以上。

3.1.3 亚热带气候带

亚热带气候带是热带气团和极地气团相互角逐的地带，春、夏、秋、冬四季分明，气候的季节变化十分显著。该气候带在23.5°~30°N（S）之间，位于温带中靠近热带的边缘，是热带和温带之间的过渡带，称为亚热带，又称副热带。气候特点是夏季与热带相似，炎热潮湿，冬季明显比热带冷，喜温的热带作物不能良好生长。亚热带每年冬季虽有冰雪，但无霜期在8个月以上，冷季种喜凉作物，热季种喜温作物，喜凉和喜温不同生态型作物一年两熟或三熟，是亚热带农业的基本特征。

由于海陆分布差异显著，南半球的亚热带和北半球的亚热带各不相同。加上地球运动所造成的行星风系及洋流影响的不同，又使大陆东西岸的亚热带有较大的差别。世界上的亚热带可分为地中海型、季风型、干旱草原型与荒漠型四种类型：大陆西岸的地中海型被视为典型的亚热带，夏季炎热干燥，冬季温和多雨。大陆东岸的季风型亚热带，夏季湿热，冬季干冷。内陆型的干旱草原与荒漠型亚热带，雨量稀少，全年干燥，气温较差大。山地型亚热带指基底部分为亚热带的山地，垂直地带性是它的主要特征。中国的亚热带主要分布在东部秦岭至淮河以南、热带以北的地带，属大陆东岸季风型。由于季风环流和青藏高原的影响，雨热同季，气候适宜，成为举世闻名的鱼米之乡。

3.1.4 温带气候带

温带气候带位于南北回归线至极圈之间，即 30°~50°N（S）之间。温带气候分布地域广泛，面积占地球总面积的一半以上。中国大部分地区都属于温带气候，冬冷夏热，四季分明。从全球分布来看，温带气候的情况比较复杂多样，根据地区和降水特点的不同，又可分为温带海洋性气候、温带大陆性气候、温带季风气候和地中海式气候几种类型。

温带海洋性气候：主要分布在欧洲西海岸、南美洲智利南部沿海以及新西兰、北美阿拉斯加南部等地区，这些地方由于受海洋西风的影响，冬季温暖，夏无酷暑，全年湿润多雨，降水分配比较均匀。

温带大陆性气候主要分布在亚欧大陆和北美洲的内陆地区，这些地方受大陆性气团的控制和影响，冬季寒冷，夏季炎热，空气干燥，降水较少。

温带季风气候：主要分布于 35°~55°N 之间的亚欧大陆的东岸，包括中国的华北、东北和朝鲜半岛、日本以及俄罗斯的远东地区。冬季受温带大陆性气团的控制，风从内陆吹向海洋，大部分地区干燥少雨；夏季受温带海洋气团的控制，风从海洋吹向内陆，大部分地区湿润多雨。

温带气候由于分布地域广泛，类型复杂多样，从而为生物界创造了良好的气候环境，形成了丰富多彩的动植物世界。从植物种类上来看，有夏绿阔叶林、针叶林和针阔混交林。草原地区生活着善跑能飞的动物，在阔叶林中生活着大型食肉类动物，针叶林中生活着一些耐寒动物。

3.1.5 亚寒带气候带

该气候带出现在50°~65°N之间，呈带状分布，横贯北美和亚欧大陆，主要分布在欧洲北部、加拿大北部和俄罗斯境内，北部以最热月10℃等温线与寒带为界。亚寒带的气候主要受极地海洋气团和极地大陆气团的控制，是极地大陆气团的源地。冬季北极气团侵入机会很多，暖季热带大陆气团有时也能伸入。该类气候的主要特征是冬季漫长而寒冷，夏季短暂而凉爽。每年有5~7个月平均气温在0℃以下，并经常出现-50℃的严寒天气。夏季月平均气温在10℃以上，高者可达18~20℃，气温年较差特别大。年降水量一般为300~600毫米，以夏雨为主。因蒸发微弱，相对湿度很高。自然植被为云杉、冷杉类森林，农作物以一年一熟为主，早熟作物有春小麦、大麦、马铃薯等。

3.1.6 寒带气候带

寒带气候带出现在南北极圈以内的两极地区。地球上有两个寒带，即北寒带和南寒带，包括北冰洋、环绕极地的亚洲、欧洲、北美洲的大陆边缘地区以及整个南极大陆和附近海洋地区。由于寒带气候位于极圈以内，太阳光只能以很小的角度斜射这些地区，因而所获得的太阳辐射能很少。再加上地面多为冰雪覆盖，反射率很高，获得的少许热量中的一部分被反射回去，未被反射掉的能量又大多消耗于冰雪的融化之中，因此寒带气候区终年冰天雪地，寒冷异常，降水极少，不少地方1月平均气温在-40℃以下，人迹稀少，是一派荒凉寂寞的景象。这里还有其他地方见不到的极昼和极夜现象，生长着企鹅、海豹、海象等寒带特有动物。虽说都是寒带气候，但北极和南极的情况却不完全相同。在北半球，通常把树木生长的北限作为寒带气候的南界，整个北寒带大部分是永冻水域，只有在大陆的北部边缘部分，夏季气温可达到0℃以上，但仍在10℃以下。由于这类地区只零星地生长着一些苔藓、地衣等低等植物，所以通常称为“苔原气候”区。永冻水域地区气温在0～－40℃间变化，因而称为“冰原气候”或“永冻气候”区。北极地区降水虽然很少，但因阳光强度弱，地面蒸发少，相对湿度较大，云雾较多，虽然寒冷，仍有人在此生活。

南极地区比北极地区要冷得多，南极大陆覆盖着平均厚达2000米的冰层，即使在南极大陆的边缘地区，年平均气温也在－10℃以下，在大陆中心地区年平均气温低达－50～－60℃，科学家曾在南极大陆测到－94.5℃的低温。整个南极大陆降水很少，年平均降水量只有50毫米。越往内陆，降水越少，在南极极点附近，年降水量只有5毫米。由于这里极其寒冷，除各国在此设立科学考察站外，无人居住。

3.2 北冷南热的亚洲气候

亚洲全称亚细亚洲，意为“日出之地”或“东方”。位于东半球的东北部，东、南、北三面分别濒临太平洋、印度洋和北冰洋。亚洲是世界第一大洲，陆地总面积4400万平方千米，占世界陆地面积的29.4%。其中半岛面积1000多万平方千米，是半岛面积最大的洲；岛屿面积约270万平方千米，仅次于北美洲。亚洲有辽阔的高原和许多耸入云霄的大山脉，高原、山地约占总面积的3/4，其中青藏高原平均海拔在4000米以上，位于青藏高原南部的喜马拉雅山脉，平均高度在海拔6000米以上。由于亚洲地势中部高、四周低，许多大河流都从中部高原、山地发源，呈放射状流向周围各海洋。

亚洲气候类型复杂多样。拥有赤道带至（北）极地带的世界上所有气候带，及除温带海洋性气候类型外的世界所有主要气候类型，其高山气候的垂直带和气候类型也相当齐全，在世界各洲中，只有北美洲可与之相比。

3.2.1 冬季严寒的北亚气候

北亚是指亚洲北部，包括俄罗斯的西伯利亚和远东两大部分，东西长约7000千米，南北宽约4000千米，面积约1300万平方千米，是亚洲最大的自然地理大区。北亚地形多为高原台地和山地，西有乌拉尔山，东为远东山地，南缘为南西伯利亚山地，整个地势由南向北降低，有利于北冰洋气团的南侵和停滞。

北亚大部位于50°N以北，有200多万平方千米的地带伸入北极圈内，北冰洋和太平洋分别从北面和东面围绕着北亚，海岸线全长近3万千米。几乎终年被冰层覆盖的寒冷的北冰洋，对北亚气候乃至自然景观起着“冰箱”作用，即使在夏季，北风袭来后气温也会骤降。西北太平洋的温热状况虽对这里气候有所改善，但因受远东边缘山地的阻挡，来自太平洋一侧较为暖湿的气流也只能影响沿海一带。东岸的千岛寒流和鄂霍次克海“冰窖”均有致冷作用。北亚西距大西洋遥远，仅西西伯利亚和南西伯利亚山地的西部才能受到大西洋暖湿气流及伴之而来的气旋的较多影响，叶尼塞河谷以东的东西伯利亚更为干冷。

高纬的地理位置、冰洋冷海、完整的陆地轮廓，以及多山地高原且向北畅开的地形，使北亚气候具有明显极端寒冷的大陆性气候特征。北亚地域位置偏北，纬度较高，太阳辐射少，热量条件差，终年气候寒冷，主要属于极地长寒气候和亚寒带大陆性气候。冬季主要受冰洋气团的控制，漫长寒冷，冬长一般在7~8个月，最冷月1月的平均气温几乎全在-20℃以下。

3.2.2 冬干夏湿的季风气候

季风气候是亚洲气候的一个特色，东亚、东南亚和南亚都是著名的季风区。亚洲大陆与太平洋之间形成的东亚季风，亚洲大陆与印度洋之间形成的南亚季风，各自形成一个相对独立的大气环流系统，控制着两个地区的气候。而东南亚正位于这二者之间，两种季风对它都有影响。

东亚季风气候：冬季大陆为冷高压控制，冷高压前缘的偏北风，即东亚冬季风。夏季大陆为热低压，太平洋副热带高压北进西伸，形成由海洋吹向陆地的偏南风，即东亚夏季风。除华南以外的中国东部广大地区属东亚季风区。该区冬季受大陆冷高压影响，干冷少雨；夏季受太平洋高压带高压影响，炎热多雨。位于该区的北京市74%的降水集中在6~8月，气温年较差可达30.8℃。

日本虽同处东亚季风区，但因受到四周海洋和黑潮的影响，冬无严寒，夏无酷暑，年降水量普遍在1000毫米以上。北海道北部最冷月气温-8℃，九州南部为7℃。最热月南部为27℃，北海道为20℃，对农业相当有利。

朝鲜半岛处在海洋性季风气候向大陆性气候过渡地带，最冷月平均气温南部0℃以上，最北部为-20℃；最热月各地平均气温均在20℃以上。大部分地区年降水量1000毫米以上，因此北部夏季高温多雨，南部冬温夏热、湿润多雨。

南亚季风气候：根据季风的进退，南亚地区一年分凉、热、雨三季。11~2月，大陆吹向海洋的东北季风带来晴朗、凉爽的天气，为凉季。3~5月，冬季风消退，夏季风未至，随太阳直射点北移，气温迅速升高，气候炎热干燥，称热季。位于印度中部和南部的德干高原中部，热季气温达35℃，塔尔沙漠曾出现50℃以上的最高气温。6~10月，由于南亚持续升温，在印度西北部产生热低压，东南信风越过赤道偏转而来的西南季风被热低压强烈吸引，从而使西南季风势力进一步加强。西南季风经过热带海洋后，饱含水汽，给南亚地区带来丰沛的降水，形成雨季。南亚地区90%的年降水量集中在雨季。喜马拉雅山东段南面的卡西山地，首先迎到海洋季风，降雨特别多，其山麓的乞拉朋齐降水量平均值高达11000多毫米，1861年曾降水23000毫米，是世界上降雨最多的地方之一。

3.2.3 湿热的东南亚气候

东南亚地区大部分在北回归线以南，赤道附近，纬度较低，四季如夏，常年气温在25~30℃之间。大部地区一年中只分为旱季和雨季。一般11月至翌年5月为旱季，6~10月为雨季。气候主要分为两种类型：中南半岛北部和菲律宾北部地区，属于热带季风气候，年降水量1500毫米以上；赤道附近、马来群岛大部分地区属于热带雨林气候，终年有雨，年降水量在2000毫米以上。

中南半岛绝大部分位于10°~20°N之间，属典型的热带季风气候。每年3~5月为热季，气候炎热，月均温达25~30℃；6-10月为雨季，降水充沛；11月至翌年2月为凉季，盛行东北季风，天气干燥少雨。年均降水量受地形影响，迎风坡达5000毫米，而背风坡则不足2000毫米。个别迎风坡和马来半岛地区可形成热带雨林景观，少数内部平原和河谷则形成热带草原。该区水热资源丰沛，干湿季分明，特别有利于稻谷的生长。

马来群岛的大部分位于赤道附近，属于热带雨林气候。这里全年气温高，各月平均气温25～28℃，年降水量在2000毫米以上。由于热量和水分充足，植物终年茂盛，许多地方分布着茂密的热带雨林。农作物随时可以播种，四季都可以收获，盛产椰干、蕉麻、胡椒、金鸡纳霜、木棉、棕油等，是世界上最大的热带经济作物生产基地。

3.2.4 干旱少雨的西亚和中亚气候

西亚位于亚洲西部，是以高原为主的地形，北回归线从本区中部穿过，大部分地域处于副热带高压和干燥的东北信风控制之下，西南濒临干旱的北非，加之高原边缘有高大山系环绕，气候干燥，多属热带和亚热带沙漠干旱气候。蒸发强烈，降水很少，年降水量多在250毫米以下，仅山地和地中海沿岸地带降水较丰富，但也不超过500毫米。地中海东岸为冬雨夏干的地中海式气候。阿拉伯半岛等地降水稀少，是世界著名的干燥气候区。本区气候夏季炎热，冬季较冷，温度变化剧烈，日较差大，最热月平均气温为30～39℃，最冷月平均气温为10～25℃，最高气温可达55℃以上，夜间有时则会降低到0℃，气温年较差一般在18℃以下，日较差有时达到35～40℃。受降水和地形的制约，本区内陆面积广大，地表径流贫乏，河网稀疏，多为短小河流，大部分发源于高原边缘山地，靠冰川融雪水补给，河流水量较小，季节变化显著。西亚自然植被主要是热带和亚热带荒漠、半荒漠或者荒漠草原，植被稀疏，种类很少，有显著耐干旱特征。

中亚即亚洲中部内陆地区，东南部为山地，其余为平原和丘陵。由于处于欧亚大陆腹地，尤其是东南缘高山阻隔印度洋、太平洋的暖湿气流，为典型的温带沙漠、草原大陆性气候，突出特征是雨水稀少，极其干燥，日光充足，蒸发量大，温度变化剧烈。一般年降水量在300毫米以下，如帕米尔高原的年降水量仅60毫米。中亚40°N的地方，夏季所获阳光照射量并不逊于热带地区，空气干燥和高温引起大量蒸发，许多地方白天最高气温与夜晚最低气温之间可相差20～30℃。

3.2.5 冰天雪地的高山气候

位于中亚东南部的帕米尔高原和青藏高原，平均海拔4000～5000米，由于气温和降水等气象要素随地势高低呈垂直变化，形成了高山气候。青藏高原大部分地区最热月气温也不超过10℃，大体上高原北部海拔4000米以上、南部4300米以上就全年皆冬了。不过这里因海拔高，空气稀薄，大气干洁，太阳辐射强，日照时间长，冬季并不算太冷，最冷月气温一般只有－16～－18℃，极端最低气温很少降到－40℃。海拔6000米以上的山峰，终年白雪皑皑，即使在夏天，阳光也无法将冰雪融化。

喜马拉雅山脉和西藏高原以其高峻的地势，形成了从山麓亚热带至高山冰雪带的典型亚热带高山垂直气候带结构，高山景色也随海拔升高而变化，有亚热带常绿阔叶林、温带针叶林、高山草甸、高山寒漠以及高山积雪冰川等。例如墨脱，海拔800米，最冷月气温不低于10℃，年雨量多达2000毫米以上，呈现出一派热带风光；察隅，海拔2050米，最冷月气温为3.6℃，最热月气温18.8℃，年降水量达760毫米，被人们誉为“西藏江南”；拉萨，海拔3658米，长冬无夏，春去秋来，为温带气候；而那曲高原和北羌塘高原，则是典型的高原寒带。

3.3　海洋性显著的欧洲气候

欧洲全称欧罗巴洲，位于亚欧大陆西部，北临北冰洋，西濒大西洋，南隔地中海与非洲相望，西北隔格陵兰海、丹麦海峡与北美洲的格陵兰岛相对，东以乌拉尔山、乌拉尔河、里海、大高加索山脉、黑海、博斯普鲁斯海峡、马尔马拉海和达达尼尔海峡与亚洲为界。面积为1016万平方千米，约占世界陆地总面积的6.8%。

欧洲平均海拔高度只有300米，平原占全州面积的60%。横贯欧洲的大平原，西起大西洋沿岸，东至乌拉尔山麓，绵延达数千千米。欧洲南部呈东西走向的阿尔卑斯山系，是欧洲气候和自然景观的重要界线。

欧洲大体位于35°～80°N之间，受西风气流以及北大西洋暖流的影响，海洋气候特征显著。温带气候占绝对优势，寒带气候极为有限，没有热带气候。欧洲各地的气候随距海远近和纬度高低的不同而有很大差异。西部大西洋沿岸，是典型的温带海洋性气候，那里冬季温和，夏季凉爽，四季降水比较均匀。往东离大西洋渐远，海洋影响逐渐减弱，气候的大陆性逐渐增强。到东欧平原，已属显著的温带大陆性气候。那里冬冷夏热，降水主要集中在夏季。而在里海沿岸，则出现沙漠和半干旱气候。北临北冰洋一带是苔原气候，冬季严寒而漫长，夏季凉爽而短暂。南部地中海沿岸，则呈现冬季温和多雨、夏季炎热干燥的地中海式气候。

3.3.1 冬季漫长的北欧气候

由于北欧地处亚寒带，大部分地方终年气温较低。

广大内陆地区主要为亚寒带针叶林气候，只有深受北大西洋暖流影响的地区，才为温带海洋性气候。亚寒带针叶林气候区受极地海洋气团和极地大陆气团的影响，冬季常有北极气团侵入，月平均气温在0℃以下；夏季月平均气温在10℃以上。年降水量300～600毫米，由于蒸发弱，相对湿度较高。因为本区为极地大陆气团的源地且纬度高，冬季黑夜时间长，正午太阳高度角小，又有积雪覆盖，地面辐射冷却剧烈，故冬季漫长而严寒，暖季短暂，气温年较差特别大。

温带海洋性气候一般分布在本区40°～60°N之间的大陆西岸地带，例如丹麦、挪威等地。其气候特点是冬季温和，夏季凉爽，气温年较差小，降水量适中，云雾多，日照少，雨日多。冬季气温一般在0℃以上，夏季最热月气温一般在10～20℃间，年降水量在600～1000毫米之间。

3.3.2 常年湿润的西欧气候

西欧气候的重要特征是：湿度大，云雾多，雨天多，日照少。

这里全年盛行西风，沿岸有北大西洋暖流经过，西风容易把温暖湿润的空气送进欧洲大平原内部，使得西欧成为典型的温带海洋性气候。冬季温和，最冷月平均气温均在零上好几摄氏度，经常出现阴云密布和细雨连绵的天气，难得下雪。晴朗天气很少碰到，往往在一个月中也难得碰到一两个晴天。不过一旦极地大陆气团侵入，也会出现相当低的温度，如黎巴嫩就曾经记录过－23.8℃的低温。

尽管西欧冬天温和，但由于阴雨天气多，潮湿而又相对较冷的大西洋气团在春季经常侵入，因此春季升温缓慢，春天比冬冷的中欧还要来得晚。夏季气候温和适中，最热月的平均气温，在不列颠群岛为12～17℃，大陆部分也才15～22℃。

湿度大，云雾多，雨天多，日照少，是西欧气候的重要特征。这里全年雨量只有600～1000毫米，但位于迎风坡的沿海高地却可以达到1500～2000毫米以上。背风的平原低地雨量较少，为500～600毫米。全年雨量的季节分配比较均匀，因而雨天特别多，一般全年有180～200个雨日。由于雨多，温度不高，湿度大，各月相对湿度大都在80%～90%之间，对农作物成熟极为不利。但气候常年温和湿润，有利于多汁牧草生长。爱尔兰国土80%是草地，遍地碧草如茵，有“绿岛”之称。荷兰的草场面积也占国土总面积的2/3。正因如此，西欧国家谷类作物不多，而畜牧业却十分发达。

3.3.3 海陆过渡性的中欧气候

中欧位于中纬度的东欧和西欧之间，是自然条件的过渡地带。

在地形上，从东部的山地过渡到北部的平原；在气候上，从西部的海洋性过渡到东部的大陆性。冬季气温由西向东降低，西部地区的月平均气温在0℃以上，东部则降到－4℃。像罗马尼亚11－3月的平均气温都在0℃以下。夏季气温的分布与冬季正好相反，由西向东逐渐增加。7月气温介于16～22℃之间。冬季气温这种相反的分布，使得气温年较差自西向东增大，而不是通常随纬度的增加而增加。由于受波罗的海的影响，中欧北部的冬天反而比南部稍稍暖和。

中欧平原各地年降水量多在500～800毫米之间。冬季因受高压控制，降水较少，降水从西向东递减。冬温较低，降水以固态为主，低地积雪不多见。夏季盛行从海上吹来的西北风，水分充沛，加之夏季地面增温快，对流强烈，多阵性降水。从季节分配看，西部降水量较为均匀，越往东夏季雨量所占比重越大。例如柏林和华沙等地，夏季雨量都占全年雨量的1/3以上。

中欧南部的阿尔卑斯山脉，平均海拔3000米左右，山势雄伟，许多高峰终年积雪，山谷冰川发达，气候垂直变化明显。在迎风的西坡和北坡，年降水量达到1500～3000毫米。瑞士境内最多雨的桑蒂斯海拔2500米，年降水量高达2489

毫米。而山脚下海拔493米的苏黎世，降水量为1089毫米；海拔430米的日内瓦，降水量仅为853毫米。

中欧的农作物种类虽与西欧相近，但因夏季气温较高，适宜谷类作物生长，所以中欧国家以谷类种植为主。

3.3.4 大陆性的东欧气候

东欧北部各国冬天酷寒，地面积雪时间自西部的数周，向东逐渐增加到俄罗斯边境的两个半月。虽冷于西欧，却较俄罗斯温暖；夏季较西欧热，却又较俄罗斯凉爽。南部的阿尔巴尼亚、罗马尼亚、保加利亚等国位居巴尔干半岛北部，属于地中海型气候和温带大陆性气候之间的过渡性气候。

东欧距离温暖的北大西洋已远，最冷月均温皆在0℃以下；夏季则因地处内陆，缺乏水汽调节而显炎热，最暖月气温自北向南递增，北部平原4国不足20℃，南部各国则多超过20℃。本区冬季长达6~8个月，河流冰封，往往靠雪橇通行。由于气温甚低，空气中水汽含量稀少，故干冷异常。夏季由于地处内陆，气温较西欧暖。沿海地区受海洋影响，夏季气温低于内陆，但差异不大。东欧冬季降雪区域广泛，每年11月至翌年3月，时常落雪，融雪水渗入土中，供植物吸收，有益寒带森林的发育。南部和高加索地区，因山脉阻挡俄罗斯酷寒气流南下，气候较暖，有助于旅游业的发展。高加索地区由于纬度较低，气候上已带有浓厚副热带风光。

3.3.5 夏干冬湿的地中海气候

地中海及其周围地区，大部分处在30°~40°N之间，是副热带高压和西风带随太阳直射点位置的移动而交替变化的地带。气候分布具有广泛性，是唯一的除南极洲以外，世界各大洲气候全都具备的气候类型。

地中海气候因地中海沿岸地区最为典型而得名，其成因是由西风带与副热带高气压带交替控制形成的。在该区，夏季受副热带高气压带控制，地中海水温相比陆地低，从而形成高压，加大了副热带高气压带的影响势力。冬季地中海的水温又相对较高，形成低压，使西风的势力大大加强。

冬季受西风带控制，锋面气旋频繁活动，气候温和，最冷月气温在4～10℃之间，降水量丰沛。夏季在副热带高压控制下，气流下沉，气候炎热干燥少雨，云量稀少，阳光充足。全年降水量300～1000毫米，冬季半年占60%～70%，夏季半年只有30%～40%，冬季降水量多于夏季。夏季气温在沿海和内陆有较大区别，沿海受冷洋流影响，气温较低，最热月在22℃以下，空气比较潮湿，多雾，称为凉夏型。而内陆距海较远，海洋调节较差，空气干燥，暖热，最热月气温在22℃以上，称为暖夏型。地中海式气候的特点，是高温时期少雨，低温时期多雨。这种不协调的配合，对植物生长不利，自然植被多半是矮小的乔木和灌木等常绿硬叶林。

3.4　高温炎热的非洲气候

非洲全称阿非利加州，位于西亚大陆的西南面。东濒印度洋，西临大西洋，北隔地中海与欧洲相望，东北以红海和苏伊士运河与亚洲分界。面积3029万平方千米（包括亚洲境内的埃及领土西奈半岛），约占世界陆地总面积的1/5，是仅次于亚洲的世界第二大洲。非洲大陆北宽南窄，赤道横贯中部，大致平分全洲南北两部分。

非洲气候极大地受其横跨赤道两侧的位置影响，南北热带区的气温全年多半时间都很高，但是山地的高度和海洋潮流影响都可使高温有所缓解。

全洲分为8个气候区：热沙漠区，半干旱区，热带干湿季区，赤道区（热带潮湿区），地中海区，副热带湿润海洋区，暖温带高原区和山区。

热沙漠区有常受干燥的热带大陆气团影响的撒哈拉沙漠和喀拉哈里沙漠等，除了干燥外还以月平均气温高为特色。半干旱气候区是沙漠区的边缘地带，包括赞比西河以南的大部分地区。它们与真正沙漠区的差别是，在其季节性变动过程中正好处在热带辐合区，因此能接受较多的降水量，气温与沙漠区雷同。

热带干湿季区常常被称为热带稀树草原气候区。该区占有本洲总面积略少于一半的土地，从半干旱区向赤道延伸，气候最大的特点是季节性降雨，海上气团可产生长达6个月的降雨——雨季的长短主要看离赤道远近，其他月份则比较干旱。少数地方，例如毛里塔尼亚和塞内加尔海滨等地也有少量降雨，但同沙漠和半干旱气候区一样，月平均气温也不如日气温变化大。

赤道或热带潮湿型气候区的气候是非洲最潮湿的类型。两个高峰降雨期与热带辐合区的两次过境相吻合。由于赤道气候型的地区经常被温暖的海洋气团所覆盖，因此每月、每日气温的变化不如热带潮湿干燥区那样明显。但有时会在赤道气候律动中发生显著变化，降雨可随季风来临，但最显著的反常现象可在西非海岸看到，大约在加纳的三尖角，向东至贝宁，虽然普遍呈双峰降雨态，全年降水量却不足1000毫米。

本洲的极北和极南部的气候是干旱夏季副热带型或地中海型，只在冬季降雨。月平均气温比热带气候低，冬季下降至10℃左右，明净的蓝天为其特色。

副热带湿润海洋性气候只限于非洲东南海岸。该区特点是全年都有降雨，但降水量以夏季为最大。南非的纳塔尔南部的冬季降雨较为显著，气温则略低于北部。因而，在伊利莎白港有6个月气温低于17℃，而在德班月平均气温未曾低于18℃。

非洲南部的高原属暖温带高地气候区。其降雨状况类似热带潮湿和干燥气候区，但气温受海拔高度影响而大大降低，例如莱索托有时就发生霜冻现象。近海滨的气候则显示出海洋性的特点，并有冬季降雨的现象。

山岳气候区包括衣索比亚高山区和东非湖区。从某方面说，类似暖温带高原气候，只是气温较均衡，但高峰顶上的气温则较低，有时还会出现降雪，诸如乞力马扎罗山，降雨情况与邻近低地区域相似。

3.4.1 干热的撒哈拉沙漠气候

撒哈拉沙漠是世界上最大的沙漠，位于非洲北部，气候条件极其恶劣，是地球上最不适合生物生长的地方之一。它位于阿特拉斯山脉和地中海以南，约14°N线以北，西起大西洋海岸，东到红海之滨，横贯非洲大陆北部，东西长达5600千米，南北宽约1600千米，面积约860万平方千米，约占非洲总面积的28.4%。

撒哈拉沙漠大约形成于250万年以前。20世纪50年代以来，沙漠中陆续发现丰富的石油、天然气、磷酸盐等矿藏，改变了该地区一些国家的经济面貌，如利比亚、阿尔及利亚已成为世界主要石油生产国。沙漠中也出现了公路网、航空线和新的居民点。

撒哈拉沙漠气候炎热干燥。然而令人迷惑不解的是：在这极端干旱缺水、土地龟裂、植物稀少的旷地，竟然有过繁荣昌盛的远古文明。沙漠上许多绮丽多姿的大型壁画，就是这远古文明的结晶。人们不仅对这些壁画的绘制年代难以稽考，而且对壁画中那些奇形怪状的形象也茫然无知，成为人类文明史上的一个谜。

撒哈拉沙漠处于副热带高压带控制下，全年大部分时间盛行干热的哈马丹风，降水稀少，干燥炎热。大部分地区平均年降水量在50毫米以下，内陆有的地方甚至多年无雨。但蒸发旺盛，潜在年蒸发量在2000毫米以上，高者达4500~6000毫米，更加剧了气候干旱的程度。年平均气温一般在25℃以上。7月平均气温35℃以上，极端最高气温超过50℃，而且高温持续时间很长。利比亚阿齐济耶极端最高气温曾达58℃，有世界热极之称。气温日较差很大，一般为15~30℃。太阳能资源极其丰富，年日照时数一般都在3600小时以上，中部甚至可达4300小时。

境内除东部有尼罗河贯穿外流以外，其余全为内流区或无流区，无常年水流，干河谷只在降雨时短暂有水。部分干河谷是第四纪温暖湿润时期形成的，当时大量降水下渗，成为目前撒哈拉沙漠地下水的主要来源。在阿特斯山前缘凹陷地区和中部高地干河谷及小盆地中，由于地下水冒出，形成许多小绿洲，如埃及的锡瓦绿洲、达赫拉绿洲和利比亚的费赞绿洲群、库夫拉绿洲群以及阿尔及利亚的艾因萨拉赫、图古尔特、古拉拉、瓦尔格拉等绿洲。区内植物贫乏，且大部分是旱生植物和短生植物。除绿洲外，乔木和灌木丛极为罕见。沙漠南缘一带植物较多，分布有灌丛和硬质禾本科草类，以三芒草为最多。大西洋沿岸的狭长地带，有较繁茂的多汁大戟属植物。阿哈加尔和提贝斯提高原一带，有地中海类型树种，如金合欢、无花果树、橄榄树、夹竹桃等。一些干谷中有柽柳属植物。绿洲中植物比较茂盛，主要是枣椰，品种有二三十种之多；此外，不少地方还散生有矮小的豆科、菊科和十字花科植物。土壤以荒漠土为主，其次为发育程度很浅的石质土和沙土，盐渍土呈片状出现。在绿洲地区分布有较优良的耕作土壤。

为适应荒漠生态环境，这里的动物具有耐渴、耐饥、视觉和听觉发达以及奔跑迅速的特性，多聚居在干谷、绿洲和湖泊附近草木丰盛处。主要有爬行动物、鸵鸟、鼠类、羚羊、蝙蝠、刺猬、狐狸和骆驼。

撒哈拉地区地广人稀，平均每平方千米不足1人，以阿拉伯人为主，其次是柏柏尔人等。居民和农业生产主要分布在尼罗河谷地和绿洲，部分以游牧为主。

1万年前，撒哈拉曾经遍地生长着野草和矮灌木林，但是后来夏季气温升高，几乎没有了降雨。这种气候变化使很多古生物遭受灭顶之灾，并迫使那些活下来的物种向其他地区迁徙。据波茨坦气象研究所的科学家说，撒哈拉地区的沙漠化是1.1万年以来最剧烈的气候变化之一。这一气象模型表明，人类使用土地对撒哈拉沙漠的形成并非重要的影响因素。

3.4.2 湿热的刚果盆地气候

刚果盆地位于非洲5°N～13°S，盆地底部海拔300～500米。东缘是东非高原，阻断了印度洋吹来的水汽。西缘大平原，平均厚度1000～1500米的大西洋西南气流，给刚果盆地输送了充足的水汽。但由于西南气流途径本格拉冷水区域之后才抵达这里，所以这股气流登陆之初，气层十分稳定，降水并不是太多。但沿海向东逐步进入内陆盆地后，雨量便随着地势的增高而增加，年雨量大多在1500～2000毫米之间。各月平均气温为23～28℃。大致说来，非洲大陆的5°S以北的地区才是热带雨林气候，而往南过渡，只是热带草原气候。热带雨林有几百种树木混合组成，最高层的树木可达50～80米。由于树冠紧密遮蔽，林内草类难以生长。

穿过刚果盆地的刚果河流域的气候属于热带雨林和热带草原气候，地处赤道南北。热带草原气候具有明显的干季和湿季，每年5～10月北部是湿季，南部是干季；而11月到次年4月，则正好转换过来，南部是湿季，北部是干季。刚果河下游一年之中就有了两个洪水期。刚果河下游自东向西切穿西部高地，由于落差大，80千米之内竟有大小瀑布32个，成为闻名世界的瀑布区。

3.4.3 雨量丰沛的西非气候

西非受热带辐合带季节性移动的影响，夏季从海上吹来西南风，冬季则从内陆吹来东北风。其中只有几内亚湾沿岸及伸向内陆150~300千米的近海地带，才全年盛行西南风。因此，热带雨林气候主要分布在几内亚湾沿岸一带，由此进入内陆，逐步过渡到热带草原气候。

西南气流途径几内亚暖流后变得更加湿热，受到沿岸山地的抬升，降水极易发生，而且雨量相当丰富。在终年盛行西南风的几内亚沿岸，年雨量均超过2000毫米。该区域降水量的多寡与盛行风向和海岸线的交角及地形关系极大。山地迎风面，年雨量多在3500毫米以上。喀麦隆的海岸线与盛行西风近乎垂直，降水异常丰富，年雨量一般都在3000毫米以上。雨量最大的地方在第彭其，最大年雨量高达10160毫米，与印度的乞拉朋齐和美国的夏威夷一起，构成全球三个最高的降水点。

西非的热带草原气候区，年雨量也不少，但季节分配很不均匀。夏季为多雨季节，冬季则干燥少雨。如几内亚的科纳克里，年雨量达4300毫米，但12月至第二年4月的降水总量却只有50毫米。

西非尽管地处热带，也会出现令人不可思议的低于0℃的低温。例如尼日利亚的阿德贾（海拔366米），在哈马丹风到来的时候，曾出现过-0.6℃的低温，可算是世界上同纬度罕见的低温了。

3.4.4 干燥少雨的东非气候

西非雨量丰沛，而东非却干燥少雨，这在世界各大洲的低纬度区中又是一个反常的地方。造成东非干燥少雨的主要原因，是这里盛行气流大致与海岸线走向平行，不易登陆抬升致雨。

非洲之角索马里，海岸线呈东北-西南走向，北印度洋的东北和西南季风都难以登陆并深入内地。夏季海底冷水上翻，冬季海水自东北向西南流动，水温较低，气层稳定，虽多雾却不易降水。这里的年雨量不足500毫米，沿海平原地区，甚至还不到250毫米，因此气候十分干燥。沿着大海，却是干旱沙漠地区。

年平均雨量为133毫米的吉布提，曾有过日雨量162毫米的特大暴雨；年平均雨量51毫米的索马里柏培拉，也有过日雨量132毫米的记录。

非洲之角是世界上最热的地方，不仅夏季热，冬季温度也不低，年平均气温居全球之冠。例如亚丁湾南岸，年平均气温高达29~30℃；索马里的卢格菲兰迪（海拔163米）达31.3℃。还有更高的，埃塞俄比亚的达洛尔（位于海平面以下75米），高达34.5℃，比世界“大火炉”撒哈拉地区的还要高。

埃塞俄比亚高原，海拔在2500米以上，号称“非洲屋脊”。它的东西方向靠近印度洋，从西亚吹来的干热气流，虽然要经过狭窄的红海水面，但并不能给这里带来多少水汽，也只是在每年的4~5月间，在这里形成“小雨季”。只等小雨季过后，源自大西洋的气流横过整个非洲大陆来到高原，形成6~9月的“大雨季”，高原上才算迎来了频繁的雷雨，年雨量约1000毫米。高原雨量较丰富，实乃是高耸的地势截留空中水汽的结果。降水量的多寡在很大程度上视坡地方位和海拔高度而定，背风处的达纳基尔低地则几乎全年无雨，一片荒漠景观。

东非所处纬度甚低，但地势高亢，山地的垂直气候带分布十分明显。如埃塞俄比亚高原，海拔1600米以下可以生长棉花、烟草和甘蔗；1600~2600米，四季常青，能种植高粱、小麦和油料作物；2600米以上是较凉爽的高山草原，主要用作牧场。又如乞力马扎罗山，海拔5895米，在2000米以下是热带气候；2000~2600米（西北坡）和3000米（东南坡）是森林气候；3400米以下生长竹林，3400米以上到4700米长有石楠和湿高地灌木；4700米以上，终年冰峰峭立，白雪皑皑。黄昏时候，山顶云雾偶尔散开，雪山冰顶在夕阳余晖照耀下，熠熠生辉，就像一顶五彩缤纷的彩冠，在赤道地区靓丽夺目。

3.4.5 差异悬殊的南非气候

南非气候可分为五种类型：沙漠和半沙漠型、地中海型、热带草原型、温带草原型及雨林型，但大部分地区为热带草原型。

南非大部分地区四季分明，只是出现时间与北半球相反，12~2月为夏季，3~5月为秋季，6~8月为冬季，9~11月为春季。

南非气温有三大特点。第一，比同纬度地区低，这是因为南非海拔较高的缘故。第二，虽南北跨度13个纬度，但全国各地平均气温几无差别，这是因为南非的地形越向东北海拔越高。第三，东西两岸温差大，这与流经东岸的印度洋暖流及西岸的大西洋寒流有关。纳米布沙漠因受本格拉冷流和上升冷水的影响，尽管位于热带但温度较低，最热月气温还不到20℃，可谓冬温夏凉，所以这里被称为热带纬度上的温带。南非夏季气温超过32℃是常见的现象，还经常突破38℃。

南非的西海岸，终年受南大西洋副热带高压下沉气流的控制和本格拉冷流的影响，稳定而少雨，年雨量均在250毫米以下，有些地方尚不足100毫米，瓦尔维湾更甚，年雨量只有7.5毫米，气候干燥的程度可想而知。虽然这里与海洋为邻，但人们也只能望洋生叹。

从沿海沙漠低地进入内陆高原，有高大的陡崖间隔，往往在很短的距离内，高度可相差1700米，对海洋气流进入内陆高原造成了极大的阻碍。卡拉哈里盆地以东的南非西坡和高原上，也因空中截留水汽的缘故及东西风辐合线的作用，降水明显增多，年雨量约在750毫米以上。

南非高原东边的马达加斯加岛，山脉南北纵横，两侧各有一股暖流南下，又有印度洋的东南信风终年吹送，所以迎风的东坡雨水特别多，生长着浓绿的热带雨林。东南信风过山之后，变成了干燥的风，使背风的西坡雨量明显减少，成为一片热带草原。东岸的台马塔夫，全年雨量3254毫米，而西南部的杜利，年雨量才仅仅365毫米。

3.5　热带和亚热带的大洋洲气候

大洋洲指由澳大利亚大陆与介于澳大利亚大陆、南极洲、南北美洲和亚洲之间的广阔的太平洋上的众多岛屿构成的地理区域。陆地总面积897万平方千米，占世界陆地面积的6%，是七大洲中最小的一个。

大洋洲的绝大部分地区处于热带和亚热带。南回归线横贯澳大利亚大陆中部，气候干热。除东南部山地外，最热月（1月）平均气温北部29℃，南部18℃，内陆大部分地区在30℃以上，极端最高气温达51℃（克隆卡里）；最冷月

(7月)平均气温北部24℃、南部10℃。年降水量不足250毫米的地区占大陆总面积的35%，250～500毫米的地区占33%。大陆中部艾尔湖一带是大洋洲最干旱少雨的地区，年降水量不足120毫米。年降水量在1000毫米以上的湿润多雨区仅占大陆总面积的9%。

受海洋影响，大洋洲岛屿气候暖湿，年平均气温一般都在26～28℃之间，年变率不大；终年多雨，年降水量在1000毫米以上；而面迎东北信风的山坡雨量丰沛，可达2000～4000毫米。夏威夷群岛考爱岛东北部是世界上年平均降水量最多的地区，可达11684毫米。大洋洲的气候受地理位置、陆地特征、洋流、大气环流等多种因素的影响，各地差异明显，可分为赤道多雨气候、热带海洋性气候、热带干湿季节气候、热带干旱与半干旱气候、亚热带湿润气候、亚热带大陆性干旱与半干旱气候、亚热带夏干气候及温带海洋性气候等8种气候类型。

赤道多雨气候：分布在赤道两侧岛屿，包括新几内亚岛西北部及北部、新不列颠岛、俾斯麦群岛以及所罗门群岛和吉尔伯特群岛的部分地区。终年高温多雨，年平均气温27℃左右，年较差1～3℃。降水呈双峰型。年降水量2000～3000毫米。因地处赤道无风带，降雨多为对流雨。

热带海洋性气候：主要分布在美拉尼西亚岛群的新赫布里底群岛、斐济群岛，波利尼西亚岛群的夏威夷群岛、萨摩亚群岛，密克罗尼西亚岛群的马绍尔群岛、加罗林群岛以及澳大利亚大陆东北岸地区。高温多雨，年平均气温26～28℃。西部的岛群降水较多，年降水量多为2000～4000毫米；东南部岛群年降水量较少，通常不超过1200毫米。在多山的岛屿上，迎风山坡可达2000～4000毫米，甚至6000毫米，而背风坡年降水量少于1000毫米。

热带干湿季节气候：分布在澳大利亚大陆的金伯利高原、阿纳姆地、约克角半岛、新几内亚岛的南部平原等地区。这里干湿季分明，1月受来自热带海洋的西北季风的影响，炎热潮湿，雨量丰沛，为湿季；7月受来自大陆的东南信风影响，干燥少雨，为干季。年平均气温一般在25℃以上。年降水量因地而异，如新几内亚岛南部的莫尔兹比港年降水量为950毫米，而澳大利亚北部的达尔文港为1490毫米。

热带干旱与半干旱气候：分布在澳大利亚大陆的中部和西部，干旱少雨，沙漠广布，年平均气温 18~25℃。夏季炎热，1 月平均气温 24~30℃；冬季温和，7 月平均气温 13~17℃。内陆地区年降水量不到 250 毫米，向外逐渐增至 500 毫米。

亚热带湿润气候：分布在澳大利亚大陆的新南威尔士州、维多利亚州的东南沿海地带和新西兰的北岛北部。气候温和湿润，1 月平均气温一般为 18~20℃，7 月平均气温在 8℃以上；年降水量 700~1500 毫米，季节分配均匀。

亚热带大陆性干旱与半干旱气候：分布在澳大利亚大陆东南部山地以西的丘陵平原区，介于亚热带湿润气候和热带干旱半干旱气候区之间。年降水量东部 500 毫米左右，向西逐渐降至 250 毫米以下。最热月气温在 25℃以上，最冷月气温一般不低于 9℃。

亚热带夏干气候：分布在澳大利亚大陆的西南隅和南部地区。夏季处在印度洋高压的控制下，炎热干燥；冬季受北移的西风带影响，气旋活动频繁，温和湿润。最热月平均气温 18~24℃，最冷月平均气温 12℃以上。年降水量 500~1000 毫米，夏季降水仅占年降水量的 4%~9%。

温带海洋性气候：分布在新西兰的南岛和北岛南部、塔斯马尼亚岛等地。终年处于温湿的西风控制下，无酷暑和严冬。年平均气温 10~15℃，年降水量一般在 700 毫米以上。各岛的东侧降水较少，一般为 500~700 毫米。

3.5.1 干燥的澳大利亚气候

澳大利亚位于南太平洋和印度洋之间，东濒太平洋的珊瑚海和塔斯曼海，西、北、南三面临印度洋及其边缘海，海岸线长约 3.67 万千米，面积 769.2 万平方千米，占大洋洲的绝大部分。虽四面环水，沙漠和半沙漠却占全国面积的 35%。全国分为东部山地、中部平原和西部高原 3 个地区。最高峰科修斯科山海拔 2230 米，最长河流墨尔本河长 3490 千米。北部属热带，大部分属温带。年平均气温北部 27℃，南部 14℃，内陆地区干旱少雨，年降水量不足 200 毫米，东部山区 500~1200 毫米。

澳大利亚约 70% 属于干旱或半干旱地带，中部大部分地区不适合居住。境内有 11 个大沙漠，约占整个大陆面积的 20%。澳大利亚是世界上最平坦、最干燥的大陆，中部洼地及西部高原均为气候干燥的沙漠，能做畜牧及耕种的土地只有26万平方千米。沿海地带丘陵起伏，水源丰富，土地肥沃，适于居住与耕种。除南海岸外，整个沿海地带形成一条环绕大陆的“绿带”，正是这条“绿带”养育了这个国家。然而，澳大利亚内陆贫瘠干旱地带却蕴藏着极为丰富的矿产资源，为澳大利亚带来了大量财富。

澳大利亚的平均年降水量为465毫米，变化幅度很大，分布很不均匀。最干旱的地区是艾尔湖流域盆地，平均年降水量不足125毫米；最湿润的地方是东北热带地区和塔斯曼尼亚州西南地带，雨量充足，土地肥沃。整体而言，各地都有温暖的夏季和不太冷的冬季，温度最高的地方是东北部内陆的克隆卡里，高达53℃；而最寒冷的科西阿科斯山附近的雪野中，气温最低纪录为-23℃。

澳大利亚的气候比欧洲和美洲温和，尤其是北部，与东南亚及太平洋地区相近。在昆士兰州及西澳大利亚州，1月（仲夏）的气温白天平均为29℃，夜间为20℃；7月（隆冬）昼、夜的平均气温分别约为22℃及10℃。新南威尔士州、维多利亚州、塔斯曼尼亚州及南澳大利亚州，1月的白天平均气温约26℃，夜间为16℃，7月的分别为17℃和15℃。

中部的埃尔湖是澳大利亚的最低点，湖面低于海平面12米。最大的河流是墨累河，全长2589千米，流域面积30万平方千米。

3.5.2 温和的新西兰气候

新西兰位于南半球，四季差别不明显。冬天温和湿润，夏天温暖干躁，属海洋性温带阔叶林气候。由于西风影响，雨量较多，平均降水量为640~1500毫米。西海岸年平均降水量为1000~3000毫米，南岛西南沿海地区可达5000毫米以上，东海岸仅500毫米。大量的降雨在造就了壮观的原生森林的同时，也为新西兰的农业和园艺业创造了良好的条件。

新西兰四面环海，冬夏季气温相差甚小，即使最寒冷的7月和8月，气温也不低于10℃；最炎热的1月和2月，气温则保持在25℃左右。不同地区的气候特征各不相同，越往北气温越高，常年绿草如茵。南岛气温较低，年平均气温大约10℃，四季景色分明。

新西兰的年平均降水量为1000～2000毫米。除高山区域外，北岛及南岛的北部基本无雪，而南岛每年冬季一般都会下雪。新西兰气温虽然变化不大，没有绝大多数大陆性气候所特有的极端气温，然而当冷空气前峰或者热带风暴来临之时，天气也会骤变。

这里大部分地区日照时间较长，阳光最充足的丰盛湾、霍克斯湾等地，年日照时数可达2350多个小时。几乎不存在空气污染，因而夏季的紫外线特别强。

夏季以晴朗的高温天气为主，适合到丛林中徒步和从事其他户外活动。冬季大部分地区气温下降，南岛和北岛的山脉开始覆盖冰雪。

3.6 复杂多样的北美洲气候

北美洲地跨热带、温带、寒带，气候复杂多样，以温带大陆性气候和亚寒带针叶林气候为主。北美洲的北部在北极圈内，为冰雪世界。南部加勒比海受赤道暖流之益，但有热带飓风侵袭。大陆中部广大地区位于北温带。

由于北美洲所有的山脉都是南北或近似南北走向，从太平洋来的湿润空气仅达西部沿海地区，从北冰洋来的冷空气可以经过中部平原长驱南下，从热带大西洋吹来的湿润空气也可以经过中部平原深入到北部，故北美洲的气候很不稳定，冬季时而寒冷，时而解冻，即使是墨西哥湾沿岸的亚热带地区，冬季也会发生严寒和下雪的现象。

北美洲最冷月1月平均气温低于0℃的地区，约占全洲面积的3/4，整个北极群岛（北美洲大陆以北、格陵兰岛以西众多岛屿的总称）及格陵兰岛的大部分地区都低于－32℃，格陵兰岛中部甚至低达－50℃，成为西半球的寒极区。夏季全洲普遍增温，最热月7月格陵兰岛中部平均气温为0～3℃，成为北半球夏季最凉爽的地区。美国西南部的死谷，极端最高气温却达56.7℃，为全洲最热地区。

加拿大和阿拉斯加的太平洋沿岸为北美洲降水最多的地区，高达2000毫米以上；佛罗里达半岛、落基山脉东麓及大平原，年降水量250～100毫米；加勒比海地区属热带雨林气候，终年高温多雨。降水量最少的地区是美国大盆地西南部、科罗拉多河下游以及北极群岛和格陵兰岛的北部，年平均降水量都不到100

毫米。每年5月，北美洲东南部常受飓风侵袭，往往造成严重灾害。北美洲中部和北部冬季常吹寒冷而强烈的暴风和陆龙卷风。西风在翻越落基山脉后，于东麓形成钦诺克焚风。

3.6.1 寒冷的加拿大气候

加拿大90%以上位于50°~80°N之间，约有一半位于60°N以北（中国最冷的黑龙江北部还不到54°N）。加拿大西部的落基山系，阻挡着太平洋西风气流深入内陆，使广大地区得不到海洋的调剂。所以，加拿大大部分地区气候寒冷，仅北部寒带苔原气候就占了全国总面积的1/3。这里1月平均气温低于-20℃，夏季最热月的平均气温低于10℃。年降水量虽不足250毫米，但因温度低，气候却很潮湿。

苔原气候带以南，是面积更大的亚寒带针叶林气候带。这里是北美洲最冷的区域，最冷月平均气温在-28~-35℃之间，极端最低气温曾达-62℃。降水主要来自气旋的活动，年降水量为370~500毫米。亚寒带东西横跨60个经度，东西部的气候有明显差异：西部冬季严寒干燥，春季风暴多见，夏季光照充足；东部一年里就有80~90日为风暴天气，因此房屋建筑均采用双墙双门，寂静而晴朗的冬夜，气温经常降到-40℃以下，形成了浓厚的冰晶雾并构成奇异的景色。

温带气候只限于加拿大西部太平洋沿岸及南部的狭长地带，依山面海，终年盛行来自太平洋的西风，是加拿大唯一冬季温和的地区，终年湿润，年降水量2500毫米左右，属温带海洋性气候。落基山东侧的平原南部地区，冬季漫长，时有大风雪，无霜期只有100~120天，年降水量为400~500毫米，属温带草原气候。这里土地肥沃，有足够一季作物生长的热量，主要种植小麦，是加拿大的粮仓。东南部的圣劳伦斯河谷及其西南的五大湖沿岸地区，属温带湿润大陆性气候，但冬季相当漫长，还经常出现-20℃的严寒天气。

3.6.2 冬暖夏凉的美国西岸气候

美国西岸濒临太平洋，终年受到太平洋气流的影响，科迪勒拉山系又紧靠着海岸延伸，阻挡南下的极地冷空气，因此这里的冬季格外暖和。最冷月平均气温高于0℃，从最北的西雅图的3.9℃，往南逐渐增加到圣地亚哥的13.1℃。夏季因受到加利福尼亚亚冷洋流的影响，气温不高，气候凉爽。旧金山一带夏季经常出现海雾和层云天气，并以宽达400千米的带状遮盖沿岸的水面，大大削弱了太阳辐射，使得夏季气温仅为17.7℃，夏季早晚需要穿毛衣或薄呢大衣。而与旧金山纬度相当的中国沿海城市天津，最热月平均气温则可达26.5℃。

美国西海岸虽然南北温差不大，但西北海岸却是降水量最大的地方，往南迅速减少，南北形成了不同的气候类型。42°N以北，终年受来自太平洋西风气流的影响，全年湿润多雨，秋冬降水更为集中，是世界典型的温带海洋性气候。年降水量一般为1500～2500毫米，迎风山地的降水则多达3000毫米以上。而42°N以南的北美海岸，处于西风带和太平洋副热带高压交替控制的地带，冬季多雨和夏季干燥成为其气候特色。例如，洛杉矶年降水量为388毫米，秋冬季节（10月至来年3月）降水量为345毫米（占全年降水量的90%左右），而盛夏7～8月却滴雨不下。

3.6.3 干燥少雨的山间盆地气候

在98°W以西、20°～54°N之间的科迪勒拉山系之中，自北向南分布着哥伦比亚高原、大盆地和科罗拉多高原。山间高原盆地的两边均为高山，海拔在3000米以上；东边的落基山脉，东西宽达500千米，高度多在4000米以上。山间高原盆地的东西两面，由于受到高山阻隔，很少得到大西洋和太平洋的水汽，年降水量大都在500毫米以下。但落基山的高山冰川和积雪，为哥伦比亚河和科罗拉多河提供了丰富的水源，当这两条大河及其支流穿过干旱的高原时，产生了巨大的水能，给沿途带来灌溉之利。

美国西南部的亚利桑那州和新墨西哥州，终年受热带大陆气团控制，空气经常下沉增温，气候相当干燥，年雨量一般在100毫米左右。加利福尼亚的格陵兰兰契是这里的干旱中心，年雨量仅有38毫米。

3.6.4 冬冷夏热的北美中央平原气候

一过落基山，向东即进入了大平原和中央基地，海拔高度由西向东从1500

米降到 300 米以下。冬季从加拿大中北部发源的极地大陆气团，不断有冷空气南下到达这里，强寒潮甚至可以席卷美国东半部，直达墨西哥沿岸和佛罗里达半岛，气候非常寒冷。1 月平均气温从最北部的 -18℃左右往南逐渐增高到 11℃上下，大致纬度降低 1°，气温升高 1.2℃，因此，南北之间温差非常显著。寒潮一来，北部极端最低气温往往可降到零下几十摄氏度，即便是墨西哥沿岸，在个别年份也会降到 0℃以下。夏季，热带墨西哥湾、大西洋的温湿气团可自由北上，直达哈得孙湾沿岸，带来闷热多雨天气。中部平原成为南北冷暖气团交绥、争逐的场所，气旋活动频繁。因此，中部平原天气多变，是北美洲气温和降水季节变化最大、大陆性较强的地区。

东部的阿巴拉契亚山，虽高度和宽度都不大，山脉的连续性也较差，但对局部地区的气候仍有很大影响。例如阿巴拉契亚山的西北坡，冬季抬升迎面而来的经过五大湖地区并略有变性的极地加拿大气团，往往形成大雪；山地南部地热较高，对热带墨西哥湾、大西洋气团抬升作用明显，常形成地形雨，年降水量在 1500 毫米以上，成为北美洲多雨区之一。

3.6.5 湿润的美国东海岸气候

美国东部的阿巴拉契亚山地，海拔 800 ~ 1000 米，呈东北 - 西南走向，对冬季北方入侵的冷空气有一定阻挡作用，因此东南沿海的冬天比较暖和。40°N 以北的美国东海岸，气候冬冷夏热，最冷月的平均气温都在 0℃以下，最热月超过 26℃。年降水量 600 ~ 1000 毫米。

40°N 以南，年降水量增至 1000 ~ 1500 毫米。佛罗里达半岛南端，受暖湿南风和飓风影响，年雨量高达 1500 ~ 2000 毫米，为北美洲第二多雨区。由于夏季平均气温高达 27 ~ 28℃，且空气潮湿，闷热的雷雨天气特别多。佛罗里达半岛的年雷雨日数多达 90 天以上。冬季气候温和，最冷月平均气温均在 0℃以上。佛罗里达半岛尖端的基韦斯特小岛，是全美唯一不见霜雪的地方，发育了树种丰富的热带森林。

3.7 温暖湿润的南美洲气候

南美洲全称南亚美利加洲，位于西半球的南部，其地形可分为3个南北向纵列带：西部为狭长的安第斯山，东部为波状起伏的高原，中部为广阔平坦的平原低地。海拔300米以下的平原约占全洲面积的60%，300～3000米之间的高原、丘陵和山地约占全洲面积的33%。安第斯山脉由几条平行山岭组成，山体最宽处达400千米，全长约9000千米，大部分在海拔3000米以上，是世界上最长的山脉，也是世界最高大的山系之一。安第斯山脉有不少高峰海拔6000米以上，其中阿空加瓜山海拔6960米，是南美洲最高峰。东部有宽广的巴西高原、圭亚那高原，南部则有巴塔哥尼亚高原。平原自北而南有奥里诺科平原、亚马孙平原和拉普拉塔平原。其中亚马孙平原面积约560万平方千米，是世界上面积最大的冲积平原，地形坦荡，海拔多在200米以下。

南美洲是世界上火山较多、地震频繁且多强烈地震的一个洲。科迪勒拉山系是太平洋东岸火山带的主要组成部分，安第斯山脉北段有16座活火山，南段有30多座活火山。尤耶亚科火山海拔6723米，是世界上较高的活火山。地震以太平洋沿岸地区最为频繁。

这里大部分地区属热带雨林气候和热带草原气候，温暖湿润，大陆性不显著。全洲除山地外，冬季最冷月的平均气温均在0℃以上，占大陆主要部分的热带地区平均气温超过20℃，冬季远比北美洲暖和。而南美洲西部则有呈带状分布的热带沙漠气候和地中海气候区，安第斯山脉则为高山气候区，在南美洲东南部则有亚热带季风和季风性湿润气候区。大部分地区夏季最热月平均气温26～28℃，远不及非洲和澳大利亚大陆的热带地区炎热。南美洲各地气温的年较差较小，不像亚洲、北美洲那样变化剧烈。全洲降水充沛，年降水量在1000毫米以上的地区约占全洲面积的70%以上，为各洲中沙漠面积较小的一个洲。由于安第斯山脉的影响，西侧是温带海洋性气候，东侧为温带大陆性气候。

3.7.1 南美太平洋沿岸的气候

南美的太平洋沿岸地区，是一个绵延数千千米的狭长地带。这个地带受热带辐合带、南太平洋副热带高压和西风带的控制，以及强大的秘鲁冷流影响，从北到南依次形成热带雨林气候、热带草原气候、热带沙漠气候、亚热带地中海式气候和温带海洋性气候。

热带雨林气候主要出现在赤道以北的哥伦比亚和厄瓜多尔沿海。热带辐合带经常在这里徘徊，赤道西风登陆后，又受到安第斯山地的抬升，全年多雨，降水量为南美洲和全球赤道地区最多，年平均雨量在 3500 ~ 10000 毫米之间。如哥伦比亚的布韦那文图拉，年雨量为 7464 毫米，基布多为 10922 毫米，最多年份达 13614 毫米。

从赤道以南至智利北部的狭长海滨地带，降水量就从 750 毫米不断减少到 50 毫米以下，形成了阿塔卡马沙漠。这个沙漠许多地区的年降水量只有 1 毫米，甚至有些地方可以一连十几年不下雨。智利北部甚至在海拔 3000 米的安第斯山西坡则常年无雨，其干燥程度与北非撒哈拉沙漠相仿。究其原因，主要是受南太平洋副热带高压东侧气流控制，有着强烈的信风逆温，对流天气难以发展。其次，海岸线走向与盛行的东南信风平行也是一个重要原因。

秘鲁冷流使热带沙漠区域在南北方向上延伸得相当长，尽管这一热带沙漠区降水难得发生，但因受秘鲁冷流影响，气候冬暖夏凉，湿度很高，可以经常见到云雾和毛毛雨天气，和中国江南的湿度差不多。这条南北长 2200 多千米、宽 15 千米的滨海沙漠，完全靠安第斯山冰雪融水补给的短促河流，浇灌着河流两岸的沙漠，发展其经济繁荣的绿洲，种植着棉花和甘蔗。秘鲁首都利马就建在一个肥沃的绿洲上，是世界上建于沙漠地区的第二大城市，仅次于埃及首都开罗。

在秘鲁北部沿海，偶尔受到暖湿的赤道逆流影响，造成反常的夏季暴雨，带来大量降水，导致这里的沙漠景观变更。从智利北部往南，降水量迅速增加，到 38°S 附近，年平均降水量已增加到 1000 毫米以上。大部分雨水降于温和的冬季，而夏季则凉爽干燥，难得下雨，属夏凉型地中海式气候。

3.7.2　安第斯山以东的南美气候

亚马孙平原的南北西三面为高原、山地，东面面向大西洋。由东北、东南海上来的湿热气流，汇集内陆，并受到西部山地抬升的作用，气候终年炎热多雨。各月平均气温均在24～28℃之间，夜间气温也难得降到20℃以下。年雨量都在2000毫米以上，有的地方超过3000毫米。常年的高温多雨，发育了世界上最繁茂的热带雨林，使得亚马孙河成为世界第二长河，流域最广、流量最大。它从秘鲁的乌卡亚利－阿普里马克水系发源地起，全长约6480千米，其干支流蜿蜒流经南美洲7个国家。上游宽700米；中游宽5000米以上，水深70米；下游最宽处80千米，水深超过100米。每年注入大西洋的水量约6.6万亿立方米，相当于世界河流注入大洋总水量的1/6。泛滥期流量达28万米^2/秒，使距离岸边160千米内的海水变淡。亚马孙河河口形如喇叭，涨潮时，巨浪汹涌，气势磅礴，极为壮观。沿亚马孙河两岸森林特别茂密，形成了一道不宜穿越的林墙。

南美热带雨林地区人烟稀少，整个亚马孙平原至今只开垦了1%。从亚马孙平原往北，进入赤道以北的奥里诺科平原。这里各月气温虽都在26～29℃之间，但降水已较热带雨林地区明显减少，年降水量多在1000～2000毫米之间，加勒比海沿岸的降水量还不足500毫米。这里干湿季节非常分明，一般5～10月为雨季，11月至来年4月为干季。随着气候干燥性的增加，热带森林已被热带草原所代替。

3.7.3　安第斯山的垂直气候带

安第斯山脉地势高耸，大部分山地处在热带纬度内，从山麓至顶峰温度差异很大，垂直气候带谱十分明显。在热带地区，海拔1000米以下的地方，终年高温潮湿，为热带山地气候带，易于种植水稻、甘蔗和可可。海拔1000～2000米的地方，已不像山麓那样暑气逼人，为亚热带山地气候带。到海拔2000～3000米，各月平均气温都已在18℃以下，主要种植小麦、大麦和马铃薯，为温带山地气候带。3000米以上的山坡，为放牧羊驼的高山草地，属寒带气候。大致在5000米以上的高度，则终年积雪，是冰雪覆盖带。

南美洲热带区域的内陆山地国家，居民大部分都分布在温带高度的山间盆地和河谷之中。哥伦比亚首都波哥大和厄瓜多尔首都基多就位于这个地带，海拔高度分别为2600米和2850米，气候四季如春。这里气温日变化很大，白天可以上升到25℃，夜里则会出现接近0℃的低温。玻利维亚首都拉巴斯，海拔高度3658米，是世界上海拔最高的首都，这里各月气温在6～11℃之间，气候温凉，有时候夜里还会出现霜冻。

3.8 全年皆冬的极地气候

极地气候又称寒带气候，全年皆冬、烈风、降水稀少，包括冰原气候和苔原气候两种类型。冰原气候分布在南极大陆和北冰洋的一些岛屿上，终年严寒，地面覆盖着很厚的冰雪。苔原气候分布在亚欧大陆和北美大陆的北部边缘地带，常冬无夏，地面生长着苔藓、地衣等植物。

极地气候指南极洲和北冰洋以及环绕其洋面和陆地的寒冷气候。南极洲大陆为冰雪覆盖，是全球最冷地区。在沿海和南极圈附近，年平均气温约为－10℃，内陆地区低达－50～－60℃。全大陆年降水量自沿海向内陆剧减，平均约为120毫米，在沿海地区年平均风速达到15～20米/秒。北半球则把树木生长的北界作为极地气候的南界，北半球大部极地气候区为大陆环绕的永冻水域。冬半年在极夜无太阳辐射，夏半年极昼期间终日太阳不落，但冰雪反射率强烈。从太阳辐射获得的热量，尚不足以融化冰雪，故夏温仍低。只有大陆边缘部分的夏季气温可达0～10℃间，可生长苔藓之类的低等植物，故称苔原气候。其他极区均为低于0℃的永冻气候。苔原气候出现在亚欧大陆和北美大陆北部沿岸，最热月平均气温在10℃以下，0℃以上，年降水量200～300毫米。

冰原气候出现在南极洲、北冰洋以及格陵兰岛的一些岛屿上，全年严寒，各月平均气温都在0℃以下，年降水量在250毫米以下，积雪终年不化，简单概括为干燥、酷寒。

3.8.1 北极海域气候

北极地区主要包括北冰洋和格陵兰岛。北冰洋位于北极圈内，被亚、欧、北美三大洲所包围。它通过挪威海、格陵兰海、加拿大北部的一些海峡与大西洋连接，并以狭窄的白令海峡与太平洋相通，面积1300多平方千米，是四大洋中最小的一个。这里生长着北极狐、北极熊等。生活在这里的爱斯基摩人居住冰屋，靠猎杀北极熊、海豹、白鲸等为生。

11月至次年4月是北冰洋的冬季，5~6月、9~10月分属春、秋季，7~8月为夏季，由于北冰洋地处高纬（一年中有5~6个月不见天日，即使在永昼时段，太阳高度角也在23.5°以下），广覆对太阳辐射有极强反射能力的冰盖，因此接受的太阳辐射很少，气温极低。1月平均气温为-20~-40℃，8月为-8℃，北冰洋极点附近漂流站上曾测得-59℃的低温。由于洋流和北极及气旋的影响，北极地区最冷的地方并不在北冰洋中央，在西伯利亚维尔霍扬斯克曾记录到-70℃的低温，在阿拉斯加的普罗斯佩克特地区曾记录到-62℃的气温。唯独巴伦支海上空，因受北大西洋暖流及东进的温带气旋影响，气温较高，可达0~3℃。

北冰洋海域降水不多，年降水量一般只有100~200毫米。冬季极地高压的范围达到盛期，北冰洋吹偏东风，气旋活动出现于极圈之外，几乎没有降水。夏季，随着行星风带的北推和极地高压范围的收缩，气旋活动可进入北极圈以北，带来一定的降水。在亚欧大陆北部沿海区域，冬季的天空大部分时间被云层遮蔽，显得格外阴沉。例如在鄂毕河和叶尼塞河河口，每年的阴天日数超过了210天。尽管由于冷空气长期维持，大气中所含水汽量较少，年降水量不多，但降水频繁，许多地区年降水日数多达160天左右。

由于受格陵兰岛、北美洲及欧洲大陆北部冬季冷高压的影响，北冰洋海域冬季经常出现猛烈的暴风雪天气。俄罗斯北极沿岸雪暴日数多达100天以上，当暴风雪来临时，居民不敢离开家，以免迷失方向。

常年覆冰的格陵兰：格陵兰是世界第一大岛，位于60°~83°N之间，南北长约2500千米，宽1500千米以上，海岸的海拔高度为90~1200米，愈向内陆，冰层愈厚，海拔愈高，有些地方高达3000米以上。格陵兰岛中央高原全年酷寒，堪称北半球全年最冷的地方。如埃士米特，极端最低气温为－65℃，有5个月的时间低于－38℃，气温降至－51℃以下的日数达83天。正因如此，岛上80%以上的地区常年被冰雪覆盖。

据考证，生活在北极圈附近的爱斯基摩人，其祖先来自中国北方，大约是在1万年前从亚洲渡过白令海峡到达美洲，或者是通过冰封的海峡陆桥过去的，他们在此地已经有了悠久的历史。为了适应寒冷的极地气候，他们的住房和衣着都很有特色。利用冰块砌房子，搭成拱形的圆屋顶，背风面开一个窄窄的小门。由于密闭程度高，尽管冰屋外面寒风呼啸，气温降到零下几十摄氏度，可屋内还是不失融融暖意。他们的服装颇具匠心，别具一格，是世界上最轻、最软、最暖的衣服。他们特制的风雪大衣，可以让身体发出的热量在衣裳内自由循环。只有在人感到太热而把连领帽在颈部松开时，热量才能够逸出来。

3.8.2 南极大陆气候

南极大陆连同附近的岛屿合称南极洲，几乎全在南极圈内，四周被浩瀚的太平洋、印度洋和大西洋所包围，远离其他大陆，面积1400万平方千米，大于欧洲和大洋洲。

横贯南极的山脉把南极大陆分为东、西两部分。东南极洲，又称大南极洲，面积约占整个大陆的3/4，地势较高，基本为冰雪覆盖的高原。西南极洲，又称小南极洲，面积约占整个大陆的1/4，是一组被冰雪覆盖并与冰层连接在一起的山峦起伏的群岛，其北端为南极半岛，深入大西洋。

南极洲是世界上海拔最高的洲，平均高度2350米，最高峰文森山海拔5140米。整个大陆几乎全为冰雪所覆盖，露岩只占2%，冰层平均厚度约2000米，最厚的地方4200多米。南极是世界上最大的冰库，冰的总量为2867.2万立方米，占世界总冰量的90%。如果这个大冰原融化成水，全世界的海面将升高60米，地球上的许多陆地将成为水乡泽国。

南极洲气候独特，是地球上最冷、风暴最多的大陆。冬季最冷的7月，沿海地区平均气温为－20～－30℃，内陆为－40～－70℃。夏季最暖的1月，沿海地区平均气温为0℃，内陆平均为－20～－40℃。1983年7月31日，苏联东方站

记录到 -89.2℃的低温，是世界记录到的最低自然温度。

南极洲是世界上风力最大的大陆，俗称“地球的风库”。在 40°~60°S 之间由于陆地甚少，西风环流可以不受阻挡地围着地球转圈，风速很大，许多地方全年大于 30 米/秒的大风日数有 100 天左右。有南极“风源”之称的阿德利地，大风日数竟达 340 天之多。这里的风暴不仅频繁，而且十分猛烈，1972 年，澳大利亚莫森站曾观测到 82 米/秒的大风；法国一个站更测到全洲最大风速——吓人的 100 米/秒。

由于南极气候寒冷，植物很难生长，只是在岩石裸露的“绿洲”处才能见到苔藓、地衣等低等植物。附近的海域中有数量极大的鳞虾，于是在海岸和岛屿附近有一定数量的鸟类和海兽。海兽以海豹、海狮和海豚为多，鸟类的代表是企鹅。由于生存环境恶劣，加上与其他大陆分离较早，无人居住，只有各国的科学考察队在此短暂停留。

南极洲也像北冰洋一样，极圈以内的地区都会出现极昼和极夜的日子。极夜时，满天星斗，晶莹剔透，而空旷辽远的高空，也常有绚丽夺目的极光出现，把极夜打扮得五彩缤纷。

近来研究表明，极地地区在全球气候变化中起着很大作用。由于极地的大气环流强烈地影响着较低纬度地区的天气和气候，所以海水覆盖范围的变化必然对全球的热平衡及世界的天气和气候产生深远影响。南极不仅是气象科学研究的重要基地，同样也是地质学、地球物理学、地球化学、海洋学、生物学和医学等重大科学研究以及了解地球整个环境的重要基地。因此，南极被誉为“科学圣地”。

生活在地球上的人类虽然拥有共同的家园，但这个家园由于所处的气候带不同，气候状况完全不同。

赤道气候带全年都是夏季，虽然很热，但却不似大陆内地的夏季那样灼热烤人。赤道地区高温多雨，成为动植物生长繁衍极为有利的区域。热带气候带分布在赤道气候带的南北两侧，分为热带草原气候、热带季风气候、热带海洋性气候和热带沙漠与半干旱气候，各地降水量不同，气候差异明显。亚热带气候带是热带气团和极地气团相互角逐的地带，四季分明，气候的季节变化十分显著，夏季与热带相似，炎热潮湿，冬季明显比热带冷，喜温的热带作物不能良好生长。亚热带每年冬季虽有冰雪，但无霜期很长，喜凉和喜温不同生态型作物一年两熟或三熟。温带气候带分布地域广泛，面积占地球总面积的一半以上，中国大部分地区属于温带气候。四季分明，类型多样，从而为生物界创造了良好的气候环境，形成了丰富多彩的动植物世界。亚寒带气候主要受极地海洋气团和极地大陆气团控制，是极地大陆气团的源地。冬季漫长而寒冷，夏季短暂而凉爽。寒带气候带出现在南北极圈以内的两极地区，太阳光只能以很小的角度斜射这些地区，再加上地面多为冰雪覆盖，因此终年冰天雪地。

4　缤纷的中国气候

中国地理跨度大，地形复杂。长江流域、黄河流域、东北平原、新疆大部四季分明，岭南长夏无冬，大兴安岭、长白山、青藏高原边界地带、天山以及新疆阿勒泰北部长冬无夏，青藏高原腹地、喜马拉雅山脉长年皆冬，云南四季如春。从赤道气候带到高山寒带，从热带雨林到干旱荒漠，有着多种多样的气候带和自然景观。中华大地北方冬长，南方夏长，春秋短促，秋季最短，呈现出纷繁复杂的物候和气候现象，万里山河，如诗如画。

中国根据不同的热量条件，从北到南划分为寒温带、中温带、暖温带、亚热带、热带及南沙群岛地区的赤道带共六个气候带。

中国是世界上大陆性季风气候最显著的国家之一，也是世界上冬干夏雨最显著的国家之一。印度季风北移时带来的西南季风会影响到中国大陆，流经东南亚与南海的跨赤道低空西南气流会影响中国大陆，源自西北太平洋的东南季风，到达中国时有时会转成南或西南气流。季风气候使得江南春雨，华北春旱；北方夏雨，江淮伏旱；秋高气爽，秋雨绵绵，冬干夏湿。中国雨季的开始与结束，主要决定于季风雨带的进退，只有季风进退正常，风调才能雨顺，也就是雨带进退正常。一旦季风反常，就会引起大范围的旱涝灾害。

冬冷夏热，冬干夏雨，这是中国气候的特色，也是中国优越的气候资源。冬冷，中国两广地区就可以种植冬小麦，扩大作物复种指数；夏热，能使东北和北疆的农作物延长生长期。冬干，中国东北地区作物已经收割，华北地区冬小麦越冬期停止生长，南方虽有作物生长但需水量不大；夏雨，雨热同季，雨水和热量合理搭配，能发挥气候最大的效益。

四川盆地重山围绕，尤其是有秦岭为四川阻挡了肆虐的寒潮，使得四川盆地优越的气候条件得天独厚，成为“天府之国”。云南地形保证了冬暖，海拔高度造成了夏凉，因此四季如春。台湾火烧寮位于迎风面，处在夏季风必经之地，有利于地形雨的形成，从而成为中国年雨量冠军。独特的地理位置、地形、地貌，形成了江淮梅雨、北方夏雨、华西秋雨、台北冬雨和拉萨夜雨，造就了热城吐鲁番、冰城哈尔滨、风城下关、雨城雅安、雾城重庆等。

中国各地气候缤纷，光照、热量、降水、风能这些气候资源优越，使得世界同纬度羡慕不已。优越的气候资源可以作为清洁能源和再生能源，是我们赖以生存和发展的基本条件，是可持续科学发展的最基本的物质条件，只要是合理地、科学地开发利用，并加以保护，气候资源将会使子孙万代取之不尽，用之不竭。

4.1 中国的四季

4.1.1 中国四季划分

中国大部分地区位于亚热带和温带，是一个四季分明的国家。夏季炎热多雨，骄阳如火；冬季冷风刺骨，冰天雪地；在地球同纬度上，中国的冬天比其他地方冷，夏天比其他地方热。春秋两季虽气候宜人，但时间比较短暂。

中国古代以立春、立夏、立秋、立冬作为四季的起点，把春分、夏至、秋分、冬至作为四季的中点。自从二十四节气引入《太初历》以后，中国历法中开始以立春至立夏为春季，立夏至立秋为夏季，立秋至立冬为秋季，立冬至立春为冬季。中国民间习惯以农历正月、二月、三月为春季，四月、五月、六月为夏季，七月、八月、九月为秋季，十月、十一月、十二月为冬季。即使到现在，依然把正月（一月）初一作为一年的开始，也是春季的开始，所以把这一天叫做春节，这是中国民间最重要、最隆重的节日。

气候统计上，一般是 1 月为最冷，7 月为最热，故现在习惯上通用以公历 3～5 月为春季，6～8 月为夏季，9～11 月为秋季，12～2 月为冬季。这种划分季节的方法，每季都是 3 个月，整齐划一，明确易记，而且夏季也的确最热，冬季最冷，在四季分明的中纬度地区较为适用。

上述整齐划一划分四季的方法虽然简明，但也存在一个共同的缺点，就是春

夏秋冬四季的开始日期都是固定的，不能正确地反映当地的气候特点和物候景象，与实际气候状况存在很大出入。这是因为，中国从南到北横跨50多个纬度，从最南端的热带到最北端的亚寒带，气候差异可想而知。同样是3月，南方已经感到炎热的时候，北方仍然是冰天雪地的严冬天气；海南已在迎接炎炎的夏日，江南一带桃红柳绿，莺歌燕舞；东北的黑龙江却依然千里冰封，寒风萧瑟。中华大地上的3月，各地气候、物候各不相同，纷繁复杂，并非都是温暖的春天，生活和生产迫切需要有更科学划分季节的方法。

新的划分季节的方法是以气温的变化为依据，以5天平均气温为指标，凡5天平均气温稳定在10℃以下比较寒冷的时期，则划分为冬季；5天平均气温稳定在22℃以上，人们穿单衣活动的时期划为夏季；5天的平均气温在10～22℃之间不冷不热的季节，就是春季和秋季了。

用这种标准划分四季是比较科学的，因为它符合中国大部分地区的物候景象。举例说，3月下旬或3月底，北京地区5日平均气温升到10℃左右的时候，桃花盛开，春风拂面。而当5日平均气温降到10℃左右的时候，江浙一带梧桐叶落，景物呈现萧瑟景象，便开始进入了冬季。

根据气候平均气温指标划分法可知，中国的南沙、西沙、中沙诸岛四季皆夏。在东沙群岛、海南岛南端和台湾南端只有一个短暂的晚春初秋季节。而从黑龙江省的中部地区再向北去，天气过凉，夏季在这里成为终点，向北便没有了夏季。福建、云南两省南部及广东、广西、台湾和海南，秋季刚过，春季便接踵而来，这些地区没有冬季。南岭以北的浙江、江西和湖南3省南部大都在3月上旬进入春季。华北平原最北部的京津地区，春季的到来已是4月上旬初，而黑龙江南部春回大地时间更迟，要等到5月下旬了。

东北是中国东部地区秋来最早的地方，8月底以前就已全境入秋。9月上半月，华北平原开始金风送爽。9月下半月，长江中下游地区方感凉意。国庆节前后，凉秋南下来到长沙、南昌、杭州一线。10月下半月，秋风才吹到岭南广东、广西。11月上半月，广东、广西沿海地区和海南北部才分别感到秋凉。12月，海南南部夏去秋来的时候，东北大兴安岭则已经入冬3个多月。

根据中国东部平原地区17个省会城市春秋季节平均时间长度的统计结果，春长平均62天，秋长平均57天，秋季比春季短5天。这是因为秋季寒潮南下迅猛，所以秋季降温比春季升温要快，因而秋季时间短。全国春、秋季节最短的地方要数新疆吐鲁番，春季41天，秋季33天，春、秋两季加起来还不到两个半月，所以给人的感觉似乎吐鲁番一年只有冬夏两季，冬季像是西伯利亚，夏季像是撒哈拉。中国冬冷夏热，春秋短促，这一气候特点使得中国和西欧等海洋性气候的国家很不一样。特别是中国北方地区，穿长袖衬衫、毛背心、毛衣的时间很短，常常刚脱下棉衣，就要穿短袖衬衫了。到了秋天，换下短袖衬衫，不到1个月就要穿上棉衣了。

4.1.2 鲜明的气候特色

与中国华南同纬度的其他国家全年皆夏，只有一季，而中国华南却有春、夏、秋三季。与长江中下游同纬度的国家，大都只有春、夏、秋三季，而中国长江中下游地区不仅四季俱全，且冬冷夏热，四季鲜明。与华北和东北同纬度上的世界其他地方也大多有四季，但中国华北和东北冬冷夏热的程度要高于世界其他地方。天津冬长5个月，其中严冬近3个月，夏长3个多月，冬冷夏热，四季分明。葡萄牙首都里斯本与中国天津纬度相近，而里斯本基本无冬，终年都是春、秋气温，季节变化很不明显。中国最北的黑龙江省呼玛县严冬长达5个半月，隆冬季节气温天天都是-30～-40℃，黑龙江冰厚1.5米左右。英国首都伦敦与呼玛县纬度相近，伦敦虽然也是长冬无夏、春秋相连的气候，但是伦敦冬长而不冷，即使隆冬也不大出现0℃以下的气温，冬草常青，河流不冻，根本没有严寒期。到了夏季，呼玛县的温度反而比伦敦高出好几度，伦敦人夏季不脱外衣，而呼玛人盛夏中午还能穿衬衫。

中国冬季的寒冷，主要是寒潮频频南下造成的。强劲而寒冷的北风起自北冰洋附近地区，然后经过西伯利亚再次加强。寒潮源地纬度较高，冬季日照短促，黑夜漫长，冬至前后的半年内北极圈内看不到太阳。这些地区从太阳得到的热量十分微弱，漫漫长夜里，地面却因向宇宙太空辐射损失了许多热量，不断冷却，导致气温越来越低，冷空气越积越强。寒潮暴发南下之后，冷空气重新在源地开始再积聚，再暴发，不断南下。

寒潮给中国带来了同纬度上少见的严寒。每次寒潮入侵，东北、华北或华东等地的最低气温差不多都要降低10℃以上，而且伴有5～7级大风；或者最低气温虽只降低7～10℃，但极端最低气温很低，陆上和海上也都有大风。1969年2月12～16日，位于中国最北端的漠河县北极村出现了最寒冷的5天。根据北极村气象站实测资料统计，这5天的最低气温分别为-47.4℃、-52.3℃、-51.2℃、-50.9℃和-49.0℃。其中13日-52.3℃的最低气温，创中国最低气温极值。

冬季并非都是天天一样的冷，而是有暖有冷，冷暖交替。这是因为一场场寒潮向南侵袭是呈波浪式运动的缘故，寒潮侵袭的间歇，天气就会暖和一些。

冬季过冷，作物越冬就会更加困难，长城以北的冬小麦一般已不能安全越冬，东北苹果也只能在比较暖和的渤海沿岸安家落户；使中国热带纬度上许多地区都不再是热带气候，热带作物都会受到寒潮冻害；使中国生长柑橘、茶叶、油桐、竹子等副热带植物的北界南移到淮河秦岭一线，这要比欧洲地中海地区副热带气候的北界约偏南10个纬度，相当于1100千米。

冬冷当然也有优越性。冬天冷了，许多害虫会冻死，可以使来年的庄稼收成好。寒潮带来的积雪，保护了冬季严寒地区雪下的小麦安全越冬，积雪又可减轻大田的春旱。严寒的冬季，使北方许多动物生长了名贵的毛裘。常年较低的水温，使北方大量鱼类积累了肥美的脂肪。黑龙江、松花江、兴凯湖，以至北疆福海县的乌伦古湖等地区广大渔民，创造了冰下捕鱼新技术，一网能打上几吨、十几吨以至几十吨的鲜鱼，变冬季的生产淡季为旺季。

夏热也并非一无是处，其优越性也很多。中国北方广大地区大都种一年生的农作物，春种秋收，冬天冷些没有关系，只要夏天能带来足够的热量，就能给东北和北疆的农业带来好收成，使那里长出世界同纬度上少见的好庄稼。中国东北最北部，能够种植水稻、玉米、棉花，而同纬度海洋性气候的英国，虽然冬季较暖，但因夏季过凉，全年的热量分散使用，就不能生长水稻、玉米、棉花，而只能种大麦、小麦、燕麦和土豆。中国喜热的棉花、水稻等高产粮棉作物，种植北界所处纬度高于世界其他国家。

4.2 中国气候区划

气候资源区划是根据研究目的和产业部门对气候的要求，采用有关指标，对全球或某一地区的气候资源进行逐级划分，将气候资源大致相同的地方划为一区，不同的划入另一区，即得出若干等级的区划单位。

1929 年，竺可桢根据当时的气候资料提出了中国第一个气候区划。他将全国分为华南、华中、华北、东北、云贵高原、草原、西藏和蒙新共 8 个气候区。此后涂长望等根据实际情况逐步订正，提出了新的区划。1949 年，卢鋈又提出 4 条界线：1 月平均气温为 -6℃的等温线，大致与长城平行，作为春麦与冬麦的分界；1 月平均气温为 6℃的等温线，大致与南岭山地一致，作为一季稻和双季稻的分界；年降水量为 750 毫米的等值线，大约与秦岭至淮河一线相当，作为水稻的北界；年降水量为 1250 毫米的等值线，作为麦作的南限。在此基础上，卢鋈进一步将全国分成十大气候区。

1949 年以后，中国科学院自然区划工作委员会和中央气象局等单位都提出过气候区划方案。1959 年中国科学院自然区划工作委员会公布了中国气候区划初稿，以日平均气温不低于 10℃稳定期的积温和最冷月气温或极端最低气温多年平均值为热量指标，以干燥度为水分指标。1966 年，中央气象局在上述气候区划基础上，用1951～1960年全国600多个站的资料进行补充和修正，绘制了中国气候区划图。1978年，又用1951～1970年的气候资料编绘了新的中国气候区划图。中国各省、自治区、各业务部门结合本地区的特点，也进行了相应的气候区划调整。

1979年，国家气象局编制的《中华人民共和国气候图集》，将中国气候区划分为3级。第1级是气候带，表示热量的丰富程度；第2级是气候大区，用来进一步划分各个气候带中气候干湿方面的差异；第3级气候区叙述起来比较复杂，不再详述。

由于中国大多数地区出现了不同程度的增暖以及北方一些区域出现干旱化，加上所采用的资料站点和部分区划原则有别，21世纪伊始，中国科学院地理科学与资源研究所郑景云、尹云鹤、李炳元根据1971～2000年中国609个气象台站的气象观测资料，参照气候区划三级指标体系，对中国气候进行重新区划，将中国划分为12个温度带、24个干湿区、56个气候区。中国气候带、区的总体格局并未发生明显变化，但一些重要的气候分界线却出现了一定程度的移动。其中亚热带北界与暖温带北界均出现了北移，北方地区的半湿润与半干旱分界线也出现了不同程度的东移与南扩，中温带、暖温带、北亚热带和中亚热带的3级气候区也出现了一定程度的变动。

4.2.1 一级区划（气候带）指标

一级气候带以热量的丰富程度为依据，把标准日平均气温≥10℃积温（即10℃以上时期内的日平均气温的总和）、最冷月平均气温和极端最低气温作为指标，将中国从南到北划分为9个气候带。

青藏高原海拔特高，面积又大，另划为高原气候区域。

根据一级区划（气候带）指标，中国东部秦岭淮河以北，西部青藏高原以北，都是温带气候区，温带气候区又细分为寒温带、中温带和暖温带。

寒温带是温带中最冷也就是中国东部地区中最冷的气候带，位于大兴安岭北部和黑龙江最北段河谷地区。这里最热的7月平均气温只有18℃左右，最冷的1月平均气温－30℃左右，几乎都出现过－48℃及以下的低温。由于这里农作物生长期短，夏季又凉，地下还有岛状永冻土存在，因此只能种植土豆、荞麦、谷子等耐寒的农作物。植被主要是耐寒的针叶林和落叶松林。

中温带是中国6个气候带中面积最大的一个带，主要分布在东北、华北和西北地区。本带位于寒温带之南，冬夏气温都比寒温带为高。最热月平均气温在18～26℃之间，最冷月平均气温－10～－30℃，极端最低气温在－30～－48℃之间。本带一般只有季节性冻土，最大冻土深度在1～3米之间。玉米、高粱、小麦是中温带的主要农作物，水稻在本带大部分地区均可生长，基本上一年一熟。东北中温带地区还是中国著名的东北大豆的故乡，产量高、质量好，远销国外。苹果、梨、葡萄已可在本带南部生长。本区天然植被是针叶和阔叶落叶混交林（东部湿润区）、草原（中部半湿润区）和荒漠（西部干燥气候区）。

中国的暖温带分东西两大块，东块在中温带和亚热带之间，主要位于华北地区和黄淮之间。西块主要是塔里木、吐鲁番盆地等南疆地区。本区位于中温带之南，最热的7月平均气温在23～28℃之间，最冷的1月份平均气温为0～－10℃之间，极端最低气温在－20～－30℃，一般年份已不出现－20℃以下低温。本区是中国冬小麦和温带苹果、梨、柿子、葡萄等水果的主要产区，棉花生长良好。农作物南部可一年两熟或北部二年三熟。天然植被和中温带相似，从东部的阔叶落叶林、草原到西部的荒漠景观，因气候干湿而不同。

中国亚热带气候北界在淮河秦岭一线，即33°～34°N，南界在广东雷州半岛北部，大致在21°～22°N，几乎包括了中国整个东南地区。

亚热带也分北、中、南3个带。北亚热带最冷月平均气温0～4℃，历史上极端最低气温－10～－20℃。由于平均气温在0℃以上，因此已经不再有季节性冻土存在，只是最冷期间有几天表土略有结冻，但太阳出来旋即融化。中亚热带最冷月平均气温4～10℃，极端最低气温2～－10℃，每年极端最低气温一般不低于－5℃，因此柑橘等怕寒亚热带经济作物可以广为种植，仅仅在特别寒冷的年份中才可能受到不同程度的冻害。南亚热带最冷月平均气温10～15℃，极端最低气温－5～2℃，因此即使怕冷的南亚热带经济作物如香蕉、龙眼、菠萝、橄榄和胡椒等在本带中部和南部也均可安全生长，有利地形还可生长橡胶等热带经济作物。亚热带的农作物一般以双季水稻为主，或者稻麦两熟，最南部气候条件一年甚至可以种三季水稻，或两季水稻加一季绿肥或冬小麦。常绿阔叶树到处生长，一年四季郁郁葱葱。

根据一级区划（气候带）指标，中国热带面积很小，包括雷州半岛、海南、南海诸岛、台湾南部、云南西双版纳和元江河谷南部等河谷地区。中国大陆上的热带气候都属北热带，南热带仅包括南沙群岛。北热带最冷月平均气温为15～19℃，中热带为19～25℃，南热带全年各月平均气温均在25～28℃之间。北热带极端最低气温为2～6℃，中热带为6～20℃，南热带一般不低于20℃。热带中作物一年三熟，甚至四季都可以收种，热带经济作物椰子、橡胶、槟榔、咖啡、油棕、菠萝蜜等均可生长。

青藏高原上的气候带分布和东部地区不同，主要决定于海拔高度，因此并不完全按纬度顺序从北向南排列。

藏北高原上海拔4500米左右以上地区，由于海拔高、纬度偏高，夏季最热月气温只有10℃左右，因此地面只能长草类。土壤潮湿，池沼多，地下有永冻土存在，气候条件很像北极苔原地区，基本上无人居住。纬度稍南、海拔稍低的是高原寒温带，最热月平均气温在10℃以上，虽然牧草稍短，载畜量稍小，但牧场广阔，是中国发展畜牧业的好地方。海拔更低一些的地区是高原温带，这里可以种植青稞、小麦、玉米等农作物。藏东南地区是高原亚热带气候，这里海拔在1000～2500米之间，因高原屏障阻挡东亚冷空气而冬季没有严寒低温，玉米、水稻等喜暖作物生长良好，亚热带经济作物柑橘、茶叶等也可栽培。高原最东南缘800米左右以下的低拔海地区属于与印度接壤的热带气候区。

4.2.2　二级区划（气候大区）

第二级是气候大区，用来进一步划分各个气候带中气候干湿方面的差异，二级区划（气候大区）指标采用年干燥度来划分。年干燥度是年平均最大可能蒸发量与年平均降水量之比。根据干燥度将中国划分为湿润、半湿润、干旱、半干旱地区，中国的干旱、半干旱地区面积广大，主要位于西北部地区。

湿润区干燥度为<1.00，即降水量大于最大可能蒸发量，分布在青藏高原东南部、中国东部秦岭至淮河以南的广大区域、东北的北部和东部，天然植被为森

林，农业以水田耕作为主。

半湿润区干燥度为1.00～1.49，分布在青藏高原东南部、甘肃南部、陕西中南部以及华北、黄淮平原和东北大部，天然植被为森林草原，以旱作农业为主。

半干旱区干燥度1.50～3.49，分布在青藏高原大部、新疆北部的部分地区、西北东部的部分地区、内蒙古东部和东北西部，天然植被为草甸、草原、干草原、荒漠草原，农作物生长期间常年缺水，必须通过灌溉才能生长。

干旱区干燥度≥3.50，分布在新疆大部、青海、甘肃两省的部分地区和内蒙古地区，天然植被为荒漠，农作物无法生长。

4.3 独特的地方性气候

4.3.1 季风气候

季风是由于海陆热力差异或行星风带随季节移动而引起的大范围地区的盛行风随季节而改变的现象。在盛行风向发生季节性转变的同时，云、雨和天气系统等都随着发生明显的变化。夏季风由海洋吹向陆地。受来自海洋暖湿气流的影响，夏季天气炎热，湿度加大，云量增多，雨量猛增，这时进入了雨季，气候具有海洋性。冬季风由大陆吹向海洋，受来自大陆干冷气流的影响，冬季气候寒冷，湿度变小，云量减少，雨量剧减，这时转为旱季，气候具有大陆性。

在全球范围内，亚洲地区的季风最明显也最著名，其特征主要表现为冬季的东北季风和夏季的西南季风环流交替盛行，并且它们的转换是一个具有暴发性的突变过程，中间的过渡期比较短。通常每年的11月至第二年的3月为冬季风的盛行时期，而6～9月为夏季风的盛行时期，中间的4～5月和10月为夏、冬两支季风环流转换的过渡期。

温带季风气候分布在35°～55°N的亚洲大陆东岸，包括中国东部秦岭至淮河一线以北地域、朝鲜半岛、日本的北部以及俄罗斯远东地区的南部。气候特点是夏季炎热多雨，冬季寒冷干燥，最冷月平均气温低于0℃，夏季雨水最多。冬季受来自高纬内陆偏北风的影响，盛行极地大陆风，寒冷干燥。夏季受热带海洋气团影响，盛行东南风，暖热多雨，雨热同季，年降水量1000毫米左右，约有2/3

的降水量集中于夏季。四季分明，冬夏季风方向变化显著。自然带为温带落叶阔叶林带。农作物一年两熟，农作物种类有小麦、玉米、棉花、花生、大豆、油菜等。

亚热带季风气候分布在25°~35°N的亚洲大陆东岸，主要分布在中国东部秦岭淮河以南、热带季风气候型以北的地带，以及日本南部和朝鲜半岛南部等地。该气候区域冬季温和少雨，1月平均气温普遍在0℃以上；夏季高温多雨，7月平均气温一般为25℃左右。年降水量一般在1000毫米以上，集中在夏季，冬季较少。亚热带季风气候区十分适宜人类居住，以中国东南部最为典型，其他地区由于冬季也有相当数量的降水，冬夏干湿差别不大，因此被称为亚热带季风性湿润气候。该气候区山势低矮而破碎，屏障作用弱，冬季成为冷空气南下的通道。每当强冷空气南下时，气温下降的幅度常可超过10℃，冬季气温比世界同纬度其他地区为低，冬季的低温使中国亚热带所处的纬度偏南。中国的亚热带主要在华中区，夏季普遍高温，5~9月常出现高于35℃的酷热天气。7~8月因受副热带高压控制，晴天多，日照时间长，高温出现的频率最大，极端高温常超过40℃。4月和10月的平均气温为16~21℃，秋温略高于春温。本区自然带为亚热带常绿阔叶林，因热量较高，作物一年三熟。

热带季风气候分布于10°~25°N之间的大陆东岸，主要分布在中南半岛、印度半岛的大部分地区，零星分布于中国台湾南部、广东南部、广西南部、海南岛、云南西双版纳以及菲律宾群岛北部。

热带季风的气候特点是终年高温，年降水量大，季风显著，盛行热带气旋。年平均气温在22℃以上，最冷月一般16℃以上。冬半年在云南的西双版纳以及印度南部，由于北部高大山地和高原阻挡冷空气南侵，因此冬半年气温相对较高。干湿季分明，降水集中在夏季。夏季在赤道海洋气团控制下，多对流雨，再加上热带气旋过境带来大量降水，是热带季风区的夏雨比热带干湿季气候区更丰沛。在一些迎风海岸，因地形作用，夏季降水甚至超过赤道多雨气候区。年降水量一般在1500毫米以上。冬季在干燥的东北季风控制下，降水稀少。热带季风区一年分旱雨两季。干季时陆地高压散发出来的东北季风汇入海洋上的赤道辐合带，雨季时南半球副高压散发出来的西南季风汇入塔尔低压。每年5月中旬至9

月中旬为热带气旋盛行季节。

中国以及东亚、南亚地区之所以是世界上最典型的季风气候区，除了和其他季风地区的相似条件外，还有一个最重要的因素，就是世界屋脊青藏高原的屏障作用。

影响中国的夏季风有三支：第一支是印度夏季风，在印度季风北移时带来的西南季风会影响到中国大陆；第二支是流经东南亚和南海的跨赤道气流，该气流是一种低空的西南气流；第三支是源自西北太平洋的东南季风，到达中国有时会转成南或西南气流。每年的5月上旬，季风开始在中国南海北部出现，之后会经过3次突然北进和4个静止的阶段。季风在5月底至6月5～10日到达华南北部，6月底至7月初到达长江流域，然后继续北进，大约于7月上中旬到达黄河流域，最后到达终界线华北一带，时间大概是在7月底至8月10日前。中国冬季风要比夏季风来得强烈，东部沿海地区冬季常有8级以上的北到西北风随寒潮南下。南海地区大风比北部要少一些，多为东北风。

中国东部的广大地区，除华南外，处于东亚季风气候区，其雨季和旱季降水量的对比，远不如南亚季风气候区显著。季风气候雨热同季的特征，对农业生产尤其对水稻一类高产粮食作物十分有利，在作物生长旺盛、最需要水分的时候，能有充足的雨水供应。

4.3.2 高原气候

高原气候是指高原条件下形成的气候，具有明显的垂直气候带，气温、降水等气候要素随地势增高而变化，从而形成了垂直气候带结构。高原气候寒冷干燥、日较差大，气温随着海拔高度的升高而逐渐下降，一般每升高1000米，气温下降约0.6℃。高原上空气稀薄、干燥少云，白天地面接收大量的太阳辐射能量，近地面层的气温上升迅速；晚上地面散热极快，地面气温急剧下降降至0℃以下，因此高原气温日较差很大。高原大气压低，水蒸气压也低，空气中水分随着海拔高度的增加而递减，所以海拔愈高气候愈干燥。高原日照时间长，空气稀薄清洁，尘埃和水蒸气含量少，大气透明度比平原地带高，因而太阳辐射强，太阳辐射透过率往往随海拔高度增加而增大。

青藏高原以巍峨的雄姿屹立于地球之巅，平均高度在4000米以上，面积很大，高原气候的特点更为突出。青藏高原地势特别高，空气稀薄，因而日照强烈，大部地区年辐射量比同纬度中国东部地区约高1倍。拉萨一年中有3000小时日照，有日光城之称。青藏高原气温很低，冬寒夏凉，大部分地区年平均气温在0℃以下。青藏高原气温日变化显著，比中国东部地区高1～2倍。青藏高原面向海洋一侧的边缘是多雨带，而高原内部与背向海洋一侧则雨量稀少。

黄土高原位于中国西北部，大体上西起祁连山，东止太行山，北起长城，南达秦岭，横跨青海、甘肃、宁夏、陕西、山西、河南等6个省区。黄土高原的气候特点为雨量较少，雨季短促，干季较长，干湿季节明显；日光充足，日照时数多，无霜期较长，热量条件比较优越；冬春季节多大风，冬干、春旱现象比较明显。黄土高原的年雨量一般在300～600毫米之间，有些地区年雨量可达800～1000毫米，雨量集中在夏季的七八两个月，雨季比较短促，干燥少雨的时期比较长。由于降雨多集中在夏季，降水中多暴雨和冰雹出现，所以夏季多雨、多冰雹是黄土高原的一个气候特色。急骤的暴雨往往造成山洪暴发和水土的大量流失，强烈的冰雹又往往毁坏大片庄稼。黄土高原上雨量的年际变化差异大、不稳定，多雨年份的雨量比少雨年份的雨量高出三四倍甚至三四十倍。太原少雨之年降雨量50毫米，多雨之年可达700毫米；位于河南三门峡的陕县更显著，少雨之年仅有20毫米，多雨之年可达到700毫米。这样悬殊的年雨量变化极易形成旱涝灾害。黄土高原上雨量不多，且多集中在夏季，所以黄土高原上云量少，晴天多，日照时间长，日光充足。黄土高原年日照时数一般都在2000～3000小时之间，由南向北逐渐增多，拥有比较充足的光照条件和比较丰富的热量资源，为喜温和喜阳性植物的生长提供了良好的气候条件和广阔的发展天地。

黄土高原由于日光条件优越，加上冬春季节多大风，蒸发普遍比较强烈，冬干、春旱现象也相应表现得比较明显。高原的蒸发量普遍超过实际降水量，而且也表现出由南向北逐渐加剧的特点。北部沿长城一线由于地热高、日照时数多、降水少、风速大、湿度低，因而是蒸发量最大的地区，也是黄土高原冬干、春旱现象最明显的地区。

云贵高原位于中国西南部，是贵州高原和云南高原的总称，包括贵州全省，云南省哀劳山以东地区，广西北部和四川、湖北、湖南等省交界地区，海拔高度在1000～2000米之间。与西北黄土高原相比，由于地理纬度偏南，水汽含量比较丰富，气候温暖湿润。但贵州高原和云南高原在气候特色和自然景观方面还有着不完全一致的特点。

贵州高原的气候特色为雨量较丰，雨势和缓，雨日较多，全年多云雾，少日照，气候湿润，气温年变化和缓，有冬暖夏凉之感。贵州高原年雨量为900～1250毫米，逐年之间变化较小，降水充沛而稳定，气候比较湿润，年雨日数一般都在170～180天，月雨日数一般都在10天以上。贵州高原多云雾，多阴天，多雨日，因而日照偏少，年日照时数一般为1200～1400小时，大概只有黄土高原的一半，平均每天只有4小时的日照时间，是全国日照最少的地区之一。贵州高原的日照时数虽少，但热量条件比较优越，以无霜期来说，高原西部稍微短些，大约为225天，其他地区一般都在270天以上。热量条件最好的是高原南部地区，长达335天，几乎全年都是生长期。高原上的大多数地区年平均气温在15～20℃之间，冬季1月的平均气温一般在6℃以上、南部7～8℃，夏季7月的平均气温通常在14～26℃之间。贵州高原的气候冬季比较暖和，夏季比较凉爽。

云南高原地形地势自北向南和自西向东逐渐降低，高原中央的海拔高度一般在2000米左右，气候条件优越而又奇特。因其地理纬度偏南，具有低纬度亚热带气候特色，但海拔高度较高，又使它不完全相似于亚热带气候。高原地形和海拔高度的影响，大大丰富了云南的自然景观，气候别具一格。从气温特征来说，云南高原的大部分地区夏无酷暑，冬无严寒，温度适宜，四季如春，一年之中分不出明显的四季变化，昆明在中国的气候中一向享有春城的美称。云南高原平均气温大致在15～22℃之间，4月的平均气温一般比10月高，也就是说春温高于秋温，春季多晴朗天气，秋季多阴雨天气。云南高原的大部分地区划分为干、湿两个季节，每年11月至第二年的4月是干季，5～10月是湿季。5月的雨量比4月的雨量要多出3～10倍，而10月的雨量比11月的雨量也要多出3～10倍，因而有“4月是干季尾、5月是湿季头，10月是湿季尾、11月是干季头”的说法。干湿季节气候上的这种显著差异，显然是冬、夏季风进退变化的结果。

4.3.3 草原气候

草原气候属于沙漠气候和湿润气候之间的过渡性气候。其特征是降水量偏少，以夏季阵性降雨为主，气候干燥。草原地区一般冬季寒冷而漫长，夏季短促，全年日照时间较长，拥有较好的热量条件，适于牧草的生长。但由于全年降水量分配不均，冬季和春季常发生干旱现象，这对春天播种和牧草的萌芽、生长均有不利影响。到了夏季，雨量集中，日照充分，植物生长所必需的水分和热量条件可同时得到满足，因而盛夏七八月是草原的黄金季节。到了冬天，低温、大风席卷草原，常常造成风雪灾害，尤其是对牧畜的安全越冬影响很大。

中国草原面积约为4亿公顷，是森林的2倍、农田的3.2倍，是中国面积最大的陆地生态系统。草原生态状况、牲畜承载能力，不仅直接关系着中国生态与食品安全，还关系着牧民、牧区和全社会的和谐发展。气候变化、气象灾害以及衍生灾害对草原生态和畜牧业生产的影响巨大。

从2009年开始，中国气象局农业气象中心开展了“气候变化对主要草原牲畜承载量的影响评估”专项研究，通过汇总1961年以来草原气象观测站的数据，并赴草地实地观测与调查发现：中国主要草原区大部分地区自1961年以来气候变化导致产草量呈下降趋势，内蒙古、宁夏等北部暖干化草原产草量下降明显。

根据观测和模式计算，中国主要草原区北部暖干化、西部暖湿化趋势明显。根据最新的研究结果，1961年以来，占中国草原面积70%的西藏、青海、内蒙古、新疆、甘肃、宁夏等6省（区）气温普遍升高，上升速率为每10年增加0.1~0.8℃。但上述6省（区）草原牧草生长季降水量变化趋势存在明显的区域差异。内蒙古大部、西北地区东南部等北部草原暖干化趋势明显。1961年以来内蒙古大部、甘肃东部、宁夏大部、青海东南部牧草生长季降水量呈减少趋势，湿润度下降，草原暖干化趋势比较突出，在一定程度上加速了草地退化和沙化，不利于草原生态恢复和畜牧业生产。青藏高原、新疆等中国西部大部分草原向暖湿化趋势发展。1961年以来新疆和青藏高原大部、甘肃西部、内蒙古西部牧草生长季降水量呈增加趋势，大部分草原每10年增加1~10毫米，西藏中东部草原增加10~30毫米，湿润度增加，草原在向暖湿化方向发展，总体气候条件有利于草原植被生长和退化草原的生态恢复。

虽然气温升高对于植物生长有有利的一面，但总体来看，中国主要草原气候变化对于牧草生长还是不利的方面更多。由于生长季降水量增加有限，但是温度增加很快，加上降水变率大，对牧草生长很不利。自1961年以来，中国主要草原大部分地区牲畜承载力呈下降趋势，而实际牲畜超载比较严重。青海东部、三江源中部和东南部和西藏西部的部分地区、新疆北部大部分草原气候对牲畜的承载能力在下降，新疆中部和南部、青藏高原大部向气候暖湿化发展的草原对牲畜的承载能力呈增加趋势，但增加的幅度并不大。而北方6省区农牧民1961年以来实际饲养的牲畜数量却在不断增加，草原处于过度利用状态。

4.3.4 富饶的“天府之国”

人们总是对地处15°~30°N的成都平原这块富饶的绿洲感到不可思议。在地球这个纬度带上，北非的撒哈拉沙漠，西亚的阿拉伯沙漠，澳大利亚的澳大利亚沙漠，南非的卡拉哈里沙漠等，都是世界上著名的大沙漠。由于回归线横贯其中，因此被称为“回归沙漠带”。四川盆地正处于回归沙漠带之内，但奇怪的是从中国南方到中南半岛、印度半岛的大陆地区，却成了这个回归沙漠带上的“大绿洲”，温度适宜，雨量适宜，物产丰富，很早以前就被人们赋予“天府之国”的美称。研究其成因，发现与秦岭阻挡由极地南下冷空气有关。

冬季，北极处于极夜，寒冷程度加剧，气温即在-40~-50℃之间，从而形成极地冷高压。在适宜的高压环流影响下，冷高压南侵，造成沿途剧烈大风、降温、降雪天气，强度达到一定程度形成寒潮。冷高压（或冷气团）南下过程中，遇到高大巍峨的山脉，就会受到阻拦，常常要停滞一段时间，或者得到新的冷空气补充后，才能越过或者绕过山脉继续南侵。冷气团越山后，背风坡的焚风效应及南方暖下垫面的加热作用，是冷气团迅速增温变性，从而大大减弱了冷空气的强度。

秦岭山脉海拔高度平均在2000~3000米，主峰太白山，海拔3767米。秦岭阻挡了南侵的冷空气，成为对气候和经济作物影响最典型的山脉。秦岭南北气温差异明显：岭北的西安1月平均气温-1.0℃，极端最低平均气温-20.6℃；岭南的安康1月平均气温3.2℃，极端最低平均气温-9.5℃。东部平原的北部徐州1月平均气温-1.2℃，极端最低平均气温18.9℃；南部扬州1月平均气温1.2℃，极端最低平均气温-17.7℃。由此可以看出，东部平原上由于没有山脉阻挡，冷气团南侵一泻千里，南北相距200千米的徐州和扬州，1月平均气温和极端最低气温仅分别相差2.4℃和1.2℃，明显低于秦岭南北1月平均气温差4.2℃和1月平均极端最低气温差11.1℃。也就是说，秦岭山脉阻挡了寒潮南侵，使岭南最低气温比东部同纬度地区高得多。相当于把安康南移到350千米以外的洞庭湖，可见秦岭对冬季气温影响之大。

由于秦岭对冷空气的阻挡，陕南极少出现对亚热带作物致命的低温，因此柑橘、油桐、枇杷、竹子等亚热带植物都可以在这里良好生长。-7～-11℃的低温持续稍久，柑橘就会有严重冻害和冻死的危险。因为与陕南同纬度的东部平原每3年总有两年最低气温低于-10℃，所以一般不能栽种柑橘。秦岭以北地区更是柑橘绝迹，盛产的是苹果和梨等温带水果。秦岭成了中国亚热带和暖温带的气候分界线。

从秦岭往南，翻过大巴山就进入了四川盆地。四川盆地南沿的泸州市记录的极端最低气温是-0.6℃。而东部地区由于没有高山屏障，比泸州偏南7个纬度、相距约800千米的广东、广西沿海，在强大寒潮南下的日子里，曾出现过比泸州低的气温记录，其中，广东阳江和广西钦州，曾分别出现-1.4℃和-1.8℃的最低气温纪录。

泸州地区虽然也有雪，但很少见，每年平均不到1天，也就是说有些年份并不下雪。而同纬度的湖南常德，平均每年都要出现11天的降雪日。泸州寒冷日数平均每年不到0.6天，而湖南常德每年有24.4天之多。泸州每年平均有霜日为2.3天，而常德却为28.5天。

四川盆地重山围绕，阻滞了北方和东方的冷空气入侵，使冬季气候比东部平原要温暖得多，即使强冷空气南下，也没有像东部平原那样大幅度的降温天气出现。有时寒潮把霜冻区南界南推到了广东、广西南部沿海，而四川盆地却依然存在无霜区。四川盆地冬季温暖，冰雪、霜冻、寒冷日数少见，作物几乎全年都能生长。旱涝灾害也较东部轻，又极少大风灾害，加上都江堰的水利灌溉条件，使四川盆地得天独厚，自古以来就被称为“天府之国”。由于盆地内冬季十分温暖，所以在中国气候区划中属中亚热带气候，而同纬度东部却是北亚热带气候，相差一个等级。

除了秦岭还有南方的南岭山脉，南岭山脉位于江西、湖南两省和广东、广西之间，大庾岭是南岭山脉之一。南岭山脉虽然支离破碎，也不算太高，最高峰也只有海拔2000米左右，但因为这里纬度较低，冷空气到此后势力已大大减弱，所以对冷空气的阻挡作用还是很显著的。岭南的广东韶关，1月平均气温10℃，比岭北郴县（距韶关不足120千米）竟然高出3.8℃。东部地区1月每向北120千米，气温平均降低1.5℃。从郴县往北，由于没有高大山脉的阻挡，一直要到武汉以北，1月平均气温才降低3.8℃。而这两地的距离足足要比韶关到郴县的距离多5倍。南岭也是中国一条明显的气候分界线。

4.3.5 四季如春的云南

中国一个地方四季如春，从气温指标上看，不仅3~5月是春天，就连盛夏的7月、隆冬的1月也是春天，这个地方就是云南中南部。

按照气温指标，10~22℃之间为春季。赤道海平面上平均气温终年在28℃上下，按照每向上100米温度递减0.6℃的梯度，大约地面1000米以上3000米以下的高度，便是气温终年在10~22℃之间的四季如春区域。随着纬度的增高，四季如春区的高度带逐渐变窄并下移，在25°~30°N以北就不再有四季如春区。

云南省位于21°~29°N，中南部海拔在1000~1500米高度带内。云南中南部地区所处的地理位置，正是青藏高原和云贵高原东坡，地形屏障了西伯利亚冷空气的入侵，保证了云南中南部地区冬季能有春天的气温。夏季气温低于22℃，盛夏而无夏热；冬季又因为纬度低，热量丰富，东部重重高山又阻滞了来自东北方的冷空气入侵，冬季气温高于10℃，无隆冬之感。于是中国云南中南部冬无严寒，夏无酷暑，四季如春。云南的省会昆明，也赢得了“春城”的美名。

云南中南部的四季如春是地形保证了冬暖，拔海高度造成了夏凉，地形和海拔两者综合的影响，使中国云南中南部四季如春。而中国东部与云南同纬度同高度的高山地区却并非四季如春，这主要是因为那里冬季常常受南下冷空气入侵，

四季如春的云南月色

冬季气温低于10℃。看来，云南中南部“四季如春”的气候是大自然的恩赐。

由于云南中南部不是平原，那里地形起伏，山峦重叠，特别是西部地区，更是高山大河并排南下的横断山区，因此气候变得复杂起来。例如，红河河谷（元江）中的元阳城，海拔1493米，属于“四季如春”的气候；而海拔1200米以下地区，则是“长夏无冬”气候；而海拔2000米以上的山顶地区，却又是“长冬无夏”了。在云南北部更高的山上，还有既无夏季、又无春秋的“全年皆冬”的气候。

1974年2月25日，受冷空气影响，云南东部的贵州、湖南、广西都出现了明显的寒潮天气，而云南却是一片晴空。资料记载，昆明这天的最高气温达22℃。可是仅仅过了一夜，冷空气翻过了乌蒙山脉，进入云南境内，一下子使昆明的最高气温降到了5℃，最低气温达到0℃，使全省突然由“夏天”转入“冬天”，令人猝不及防。这是因为，云南所处的纬度低，太阳热力强，只要天晴，气温总是比较高。一旦阴雨，没有了强烈的阳光照射，加上雨水蒸发又消耗了大量热量，气温便会急剧下降。

因此，云南真正四季如春的气候范围其实很小，只有在云南中南部地区的山顶或山脊、终日有春秋气温的气流吹拂、气温昼夜变化很小的地方，才是四季如春的气候。

4.3.6 中国哪里最冷

中国哪里最冷？实际上是一个很笼统的话题。一个地方极端最低气温值，决定于所处纬度、气流的方向（风向）、地形和天气状况等。比如纬度偏北，多北风，地形凹洼，天气晴朗，就可能出现很低的极端最低气温值。

漠河

广州位于23°N，1934年12月8日清晨，这里曾出现过－0.3℃的低温，这是广州有气象观测以来的极端最低气温。位于31°N稍北的上海市，一个世纪以来记录到的最低气温是1893年1月19日的－12.1℃。位于40°N的北京市，极端最低气温是1966年2月23日观测到的－27.4℃。再向北到46°N的哈尔滨，1931年1月曾出现了－41.4℃的低温，这是哈尔滨有观测以来的最低气温记录。位于49°N的内蒙古大兴安岭免渡河，1922年1月16日曾观测到－50.1℃的气温，是新中国成立前气温记录中的最低值。新中国成立后，位于新疆北部47°N的富蕴气象站，在1960年1月20日以－50.7℃的低温首次打破了免渡河的记录，1月21日又以－51.5℃再创全国新记录，加上1月22日清晨－50.7℃的最低气温，富蕴气象站连续3天最低气温低于－50℃。此外，突破－50℃气温纪录的气象站还有位于50°N内蒙古大兴安岭上的图里河，于1966年2月22日测到－50.2℃的低温；大兴安岭北麓、黑龙江上游南岸、位于53°N、中国版图最北端的黑龙江省漠河气象站，1969年2月13日诞生了中国现有气象资料中的极端最低气温记录－52.3℃。

漠河和富蕴所以能出现这么低的气温，主要有以下原因：一是纬度高，冬季阳光斜射热力微弱，黑夜又极为漫长，地面向宇宙空间辐射散失了许多热量；二是它们都处在河谷地形之中，夜间高山上冷却的严寒空气沿坡下沉，加上凹洼地形的谷底本身同时也在辐射冷却，因此这里的气温比同高度平原上又低了许多；三是这些严寒天气都是晴天，只有在晴夜中地面才能强烈向太空辐射冷却，从而降到更低的温度。当然，最根本的还是因为它们都在东亚冷空气影响之下，基础气温已降得特别低。如果在温暖的西欧，即使纬度再靠北，地形再低洼，天气再晴好，也不会出现这样低的气温。

西安－郑州－青岛一线极端最低气温大约在－20℃；南京、武汉等长江中下游沿岸极端最低气温都在－10℃上下，仅四川盆地因四周重山屏障，冷空气不易进入，才和广东、广西北部、福建沿海一样，一般不出现低于－5℃的气温。中国历史上从不出现0℃以下气温的区域很小，大致只有华南大部分沿海、云南南部、台湾大部、海南岛和南海诸岛了。相应地，中国极端最低气温的最高值也就发生在这些地方，例如西沙珊瑚岛为15.3℃，东沙群岛为11.2℃，台湾南部恒春为8.0℃。

极端最低气温和作物分布有很大关系。例如－25～－28℃以下的严寒低温会大量冻死越冬的冬小麦，所以长城以北一般不种冬麦而种春天播种的春小麦；柑橘害怕－7～－9℃的低温，气温低于－9℃就会被大量冻死。例如中国历史上1654年和1676年两次强寒潮，曾把建于唐朝、经营近千年的江西省柑园和桂园完全摧毁；热带作物橡胶甚至害怕5℃的温度，1973～1974年和1975～1976年的两个冬季中，两次寒潮低温，导致云南省西双版纳自治州首府景洪县的极端最低气温降到3℃以下，橡胶树大约40%受冻死亡。

中国民间有一句耳熟能详的谚语，说“热在三伏，冷在三九”。“三九”是冬至后第三个九天，在1月10～18日。果然不错，中国绝大部分地区最冷的旬是1月中旬，有时虽然也发生在1月上旬或1月下旬，但这3个旬的气温相差都不太多。

从各级寒冷日数的比较可以发现，最低气温≤0℃和－10℃的日子以青藏高原为多，最低气温≤－20℃、－30℃和－40℃的严寒日数仍以东北北部为多。这也证明了青藏高原上全年中冬季虽不太寒冷但冷期很长；而东北大小兴安岭、北疆阿尔泰山区冬虽严寒，但冷期较短，且还有暖热的夏天。因此，中国冬季最冷的地方是在最北部，而夏季最凉的地方则在青藏高原上。

4.3.7 独特的华西秋雨

中国大部分地区秋季的雨日和云量都比较少，显得秋高气爽。淮河以南，南岭以北，9~10月的雨量、雨日和云量也都相对较少，天气不冷不热，凉爽舒适。“月到中秋分外明”，“十月小阳春”，就是对秋天的赞誉。重阳节登高远眺，假日郊游，观赏红叶，都是人们喜爱的秋季活动内容。

华西秋雨

在中国大部分地区秋高气爽的时节，中国西南地区却正下着绵绵秋雨，四川、贵州两省的一些地区更是天无三日晴。唐代文学家柳宗元曾用“恒雨少日，日出则犬吠”来形容四川盆地阴雨多、日照少的气候特色。成都市1951~2005年的55年中，就有33年中秋之夜阴云低垂，夜雨霏霏，有11年云厚天暗，星月隐蔽；有7年云天稍开，月光熹微，只有4年云淡天高，皓月生辉。因此，四川盆地多秋雨传言非虚。峨眉山上9~10月总雨日50天，也就是10天中有8天都在降雨，9~10月总降雨时间772小时，但强度在一年四季里是最小的，是中国最明显的秋雨连绵之地。

华西秋雨天气的形成无疑是冷暖空气相互作用的结果。每年进入9月以后，华西地区5500米高空，正处于西北太平洋副热带高压和伊朗高压之间的低气压区内。西北太平洋副热带高压西侧，或西北侧的西南气流，将南海和印度洋上的暖湿空气源源不断地输送到华西地区，使华西地区具备了比较丰沛的水汽条件。随着冷空气不断从高原北侧东移，或从中国东部地区向西部地区倒灌，冷暖空气在中国西部地区频频交会，使锋面活动加剧，从而产生较长时间的阴雨，平均来讲，降水量一般多于春季，仅次于夏季，于是便形成了华西秋雨。当冷空气势力较强时，冷暖空气交水比较激烈，降雨强度也会随之加大，同样也可造成严重的洪涝灾害，在水文上则表现为显著的秋汛。

4.3.8 连绵的江淮梅雨

每年初夏，正值江淮梅子黄熟、梅林飘香的季节，中国长江中下游地区的天空却阴沉得像一块灰色的幕帐，连绵阴雨，数日不见太阳，这就是人们常说的江淮梅雨。

梅雨是东南亚地区特有的天气气候现象，其范围相当广大，大致在110°以东，26°~34°N的广阔区域，梅雨带直达韩国和日本南部。每年盛夏前后，来自西伯利亚和蒙古一带的干冷气团与来自海洋上的暖湿气团在这一区域相会，致使冷锋面不断出现在这一区域，形成梅雨的冷暖气团势均力敌，梅雨锋往往稳定少动，造成持久的梅雨天气，结果阴雨连绵，暴雨频繁，洪水泛滥。

中国梅雨区的范围北起淮河，南至福建、江西、湖南三省的中部地区，梅雨期以梅雨区中部的时间最长。上海多年平均6月15日入梅，7月9日出梅，持续25天；武汉6月10日入梅，7月9日出梅，持续30天。梅雨区南北界附近，梅雨期一般持续20天左右。每年的梅雨情况不尽相同，入梅始日最早和昨晚可相差40天，出梅始日最早和昨晚可相差45天；最长梅雨期可以持续60天，极个别年份也会没有梅雨，出现空梅。1954年是梅雨期雨量最多的年份，梅雨期总雨量超过多年平均值的2倍以上。

梅雨季节空气湿度很大，水汽常常吸附在衣物、书籍、家具及食品上，使得霉菌滋生，所以有人又把梅雨叫成“霉雨”。李时珍《本草纲目》中有：“梅雨或作霉雨，言其沾衣及物，皆出黑霉也。”1931年、1954年、1991年，江淮流域的洪涝灾害，就是梅雨持续时间特长梅雨量特大而造成的。由于降水来势猛，强度大，范围广，持续时间长，致使农田受淹，铁路中断，工厂停产，人民生命财产受到严重损失。如果梅雨期间雨水过少，甚至空梅，则会造成严重干旱。

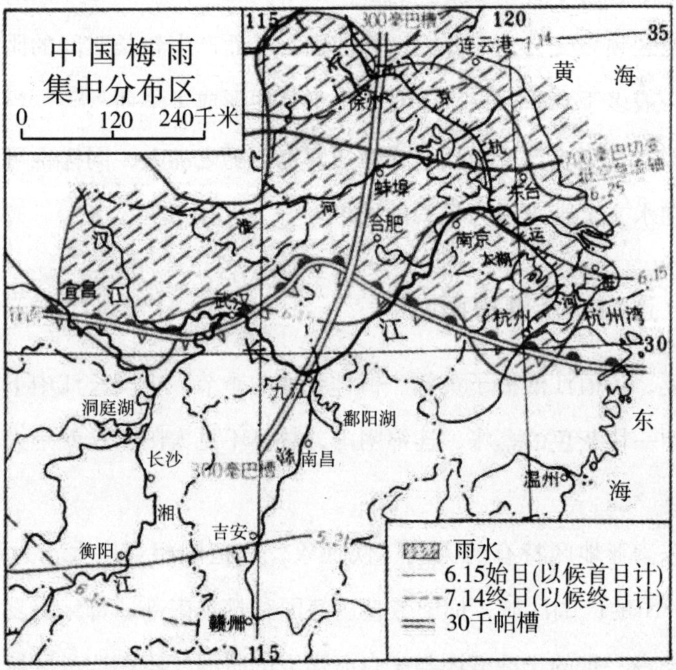

梅雨天气的确给人们的生产和生活带来了某些不便，但也应该看到，充沛的天然降水，却是人类赖以生存的基本条件。梅雨时节，气温较高，雨量充沛，十分有利于水稻、蔬菜、瓜果等多种作物的生长。无垠的稻田，苍翠的林木，青青的茶树，交错的港汊，哪一样也离不开梅雨季节雨水的滋润。这一得天独厚的气候资源，成就了江南鱼米之乡的美称。

4.3.9 罕见的台北冬雨

台北市位于25°N附近，地处东亚大陆与太平洋之间，受干冷的蒙古高压与暖湿的太平洋高压交互影响，形成了亚热带季风气候，但也受东北季风影响。东北季风就是冬季由东北方吹来含有许多水气的风，此风也是在冬季带给台湾北部降水的主要来源。另外台北主要位于盆地中，气候也深受盆地地形影响。由于盆地周围的高山，台北市夏季不易使热气排出，市内的气温通常较周围的地区高出

1~2℃。进入冬季后，台北市周围的山地与丘陵地较容易形成地形雨。台湾的东北部正好背倚台湾中央山脉，面迎登陆的东北季风。东北季风挟带着大量暖湿气流来到台北市后，在山脉迎风坡被抬升，在抬升过程中，暖湿气流体积膨胀冷却凝结成云致雨，使台北市形成了独特的冬雨气候。台湾绝大部分地区，因处在西南季风盛行区，虽与台北一山之隔，降雨情况却迥然不同。

卫星云图显示，中国版图上冬季的晴阴区域十分明显。西北、华北、东北和西南大部分地区阳光明媚，一片灿烂；而在秦岭、淮河以南，贵州和四川盆地以东，也就是104°E以东的长江中下游地区，却是中国冬季大面积阴沉多雨的地区，但降水强度却不大。譬如湖南郴州从当年11月到来年2月，总雨量为152.4毫米，总雨日60.4天，平均每个雨日只有2.5毫米，所以一般不会引起洪涝灾害，并且冬雨时气温都在0℃以上，因此对越冬作物和蔬菜的生长反而有好处。中国台湾东北部与郴州可就大不一样了，台湾东北部是中国冬季雨量最多的地方。基隆港从当年的11月到来年的2月，4个月时间总雨日多达85.8天，平均每月有雨20~22天，总雨量1108.3毫米，平均每月晴天只有1.7天，平均每天日照时数仅有1小时46分钟，基隆便因此获得“雨港”的雅号。

4.3.10　奇妙的拉萨夜雨

7~8月间，西藏拉萨白天常常蓝天白云，晴空万里，骄阳似火。到了傍晚，天空的云就慢慢多起来，云层变厚，云底降低，继而乌云密布，雷鸣电闪，雨声沥沥。黎明之前，夜雨常常最大，但天一亮，就渐渐停息，云也很快消散。

这种典型的夜雨，不仅发生在拉萨河谷，楚河谷中的日喀则、西昌盆地中的西昌、元江河谷中的河口等地都是夜雨多发地，夜雨量要占年雨量的80%以上，而午后几个小时中则罕见有雨。

河谷盆地太阳下山之前，坡上地面热量就已经入不敷出开始变冷，坡地的冷却使它上面的空气温度也随之降低。低温空气密度大，沿坡下滑，下滑气流在谷底汇合，将谷底暖湿空气抬升，云层就在上升气流中迅速生成发展并致雨。这种夜雨与由地形形成局地热力环流有关，故称地形性夜雨。典型的地形性夜雨即使在高气压控制下也能照常发生。中国西藏、四川、云南、青海、甘肃等地有许多

拉萨夜雨

河谷都可形成夜雨。并非凡是山谷中都会有典型的夜雨发生，只有山谷的宽度和高度成一定比例，而且山谷地形比较完整的情况下夜雨才有可能发生。而且，即使山谷对前述条件统统满足，如果空气太干，谷中上升气流不能发生大量水汽凝结时仍不能形成夜雨，这就是为什么干旱地区河谷几乎全年无夜雨的原因，拉萨等地半干旱河谷中干季也没有夜雨。

中国四川、云南等地也常常出现夜雨，白天又雨过天晴。四川盆地多夜雨，主要是因为盆地内空气潮湿，天空多云，云层遮住了部分太阳的辐射，白天云下气温不容易升高，对流不易发展。夜间由于云层吸收来自地面辐射的热量，而后以反射辐射的方式把热量输送给了地面，所以云层对地面就有了保暖的作用，因此夜间地面和云底温度下降不明显，而云层上部因辐射散热而无热量补偿，温度迅速降低，使云层中气温直减率增大，形成不稳定层结，对流形成并发展，出现夜雨。四川盆地的夜雨，多出现在冷暖空气交锋频繁的春季，譬如北碚春季的夜雨率要比夏季高 23 %。成都、重庆、达县、乐山、泸州 5 个地方，20 时到 08 时的夜雨量占到日总雨量的 72%，而且午后 12 ~ 17 时 6 个小时的雨量仅占日总雨量的 10. 5%，可见夜雨典型程度和拉萨相差不多。四川盆地夜雨和拉萨夜雨主要不同点是拉萨日晴夜雨，而四川盆地是日阴夜雨，中午前后 6 小时平均日照百分率，也就是实际日照时数和晴天可照时间的比值，拉萨高达 70%，而四川盆地只有 30%。

夜雨是一种有利的气候条件，日晴夜雨，对于农业生产是有利的，既保证了土壤有足够的水分，又保证了白天有丰富的太阳辐射，有利于植物光合作用的进行，太阳照射还提高了地面、植株的温度。夜雨的雨水蒸发损耗比日雨少，可以多渗透到土壤中去，有利于作物根系慢慢吸收。在日晴夜雨条件下，作物有光，有热，又有水，非常有利于作物产量的提高。青藏高原的小麦等粮食作物高产，蔬菜个儿大、质量好，都和这种日晴夜雨、太阳辐射有关。四川盆地多夜雨，不影响农民白天的工作，对农业生产十分有利。

4.3.11 日光城拉萨

去一趟拉萨，你才会对那里充足而强烈的阳光感同身受。那里云量极少，即使冒出朵朵白云，也是羞答答地在天边徘徊。待不了几天，你白皙的皮肤便被晒黑了。日光城，实在名不虚传。

布达拉宫

据统计，拉萨的相对日照为68%，年平均晴天为108.5天、阴天为98.8天，年平均云量为4.8，年太阳总辐射量为8160兆焦/米^2，比全国其他省区和同纬度的地区都高。

以前，常有人把拉萨“日光城”的成因仅仅归结为日照时数长，实际上，仅此还不够全面，因为拉萨远不是中国日照时数最多的地方，比方青海冷湖，其日照时数就要比拉萨多不少。冷湖年平均日照时数3550.5小时，比拉萨多545小时。除冷湖外，还有不少地方的日照时数比拉萨多。例如新疆、内蒙古、青海、甘肃、宁夏、西藏等许多地方，每年都有3000～3500小时的日照。在全国基本台站的日照时数排序中，拉萨只名列第81位。看来，拉萨能赢得“日光城”的雅号，肯定还另有一层原因。

除日照时数长外，由于拉萨海拔高，空气稀薄干结，大气透明度好，到达地面的太阳辐射明显高于同纬度其他地区。刺眼的太阳在暗蓝色的天空中简直就如大火球，令人不敢仰视，即使在日出日落时也不能给人一种温柔的感觉。

4.4 中国气候资源的分布

气候资源是指广泛存在于地球大气中的光照、热量、降水、风能等可以为人们直接或间接利用，能够形成财富，具有使用价值的自然物质和能量，是一种十分宝贵的可以再生的自然资源，它是人类社会赖以生存和发展的基本条件，已被广泛用于国计民生的方方面面。气候资源作为可再生资源，是未来人们开发利用的丰富、理想的资源，只要保护好这种资源，就可以取之不尽，用之不竭。

4.4.1 光能资源

(1) 日照时数分布

日照不仅是一个重要的气象要素，影响着气候的形成，而且在能源紧缺的今天，还是一种十分重要的自然能源。它和风能一起，并列为两大气象自然能源，利用前途无量。

中国年日照时数的分布状况和云量分布相反，东南少而西北多，从东南向西北递增。大致秦岭、淮河以北和昆明准静止锋位置以西的高原地区，都有2200小时以上的年日照时数；从青岛到兰州一线约36°N以北地区，除了东北大小兴安岭和长白山区以外，还可多到2600小时以上；西北内陆的年日照时数普遍在3000小时以上，是中国日照时数最多的地方。中国日照时数最多的气象站是青海省柴达木盆地中的冷湖，平均每年日照时数3550.5小时，平均每天有10个小时的阳光照射。

淮河、秦岭以南，昆明准静止锋以东地区，每年日照时数大都少于2200小时，其中，103°~115°E之间，广州、南宁以北，西安、武汉以南地区，年日照时数少于1800小时；四川盆地、贵州大部地区为少日照中心，年日照时数不足1400小时。日照最少的地方是四川盆地西部和滇东北地区，不到1000小时。例如，位于四川盆地西南边缘的峨眉山946.8小时，位于四川盆地西南边缘小凉山区的马边彝族自治县951.5小时，位于云南省东北部边缘与四川交界处的盐津县952.1小时，位于长江上游、四川盆地西缘的雅安1005.0小时。这些地方平均每天的日照时数不足3小时。

日照时数只是反映了当地实际日照时间的长短，并不能表示由天气造成的日照时数减少量。因为日照时数除了受云、雨、雾等天气条件的影响外，还受天文条件的影响。比如纬度越偏北，冬季日照时数越少。因此，只有实际日照时数和天文日照时数之比的百分率指标，才能清楚地反映出天气条件对日照时数的影响。日照百分率越大，表明天气（云、雨、雾、尘、沙等）条件对日照时数影响越小；反之，则越大。

日照百分率自川黔低中心向四周逐渐升高，烟台、石家庄、兰州等36°~37°N以北地区，年日照百分率往往升到60%以上，仅东北东部和北部山区因云雾稍多而降到50%~60%之间。中国西北内陆除山区外，一般都高于70%，青藏高原也大都在60%以上。中国年平均日照百分率最高的地方，也正是日照时数最多的冷湖，达80%。

（2）太阳能资源分布

中国西藏、青海、新疆、宁夏南部、甘肃、内蒙古南部、山西北部、陕西北部、辽宁、河北东南部、山东东南部、河南东南部、吉林西部、云南中部和西南部、广东东南部、福建东南部、海南东部和西部以及台湾的西南部等广大地区，为太阳年辐射总量高值区，其中，青藏高原为高值中心，因为这里平均海拔高度在4000米以上，大气层薄而清洁，透明度好，纬度低，日照时间长；四川和贵州两省及重庆市为太阳年辐射总量的低值区，四川盆地为低值中心，因为这里雨多、雾多、晴天少；其他地区的太阳年辐射总量居中。

中国太阳能资源的空间分布特征是：高值中心和低值中心都处在22°～35°N一带，青藏高原是高值中心，四川盆地是低值中心；太阳年辐射总量，西部地区高于东部地区，而且除西藏和新疆两个自治区外，基本上是南部低于北部；由于南方多数地区云多雨多，因此在30°～40°N地区，太阳能的分布不是随着纬度的升高而减少，而是随着纬度的升高而增加。

为了更好地利用太阳能，20世纪80年代中国的科研人员根据各地年接受的太阳总辐射量的多少，将全国划分为五类地区。

一类地区：全年日照时数为3200～3300小时；接受的太阳辐射总量为6680～8400兆焦/米^2，相当于225～285千克标准煤燃烧所发出的热量。包括宁夏北部、甘肃北部、新疆东南部、青海西部和西藏西部等地，是中国太阳能资源最丰富的地区，与印度和巴基斯坦北部的太阳能资源相当。其中，西藏西部的太阳能资源最为丰富，全年日照时数达2900～3400小时，年辐射总量高达7000～8000兆焦/米^2，仅次于撒哈拉大沙漠，居世界第二位。

二类地区：全年日照时数为3000～3200小时；接受的太阳能辐射总量为5852～6680兆焦/米^2，相当于200～225千克标准煤燃烧所发出的热量。包括河北西北部、山西北部、内蒙古南部、宁夏南部、甘肃中部、青海东部、西藏东南部和新疆南部等地，为中国太阳能资源较丰富区，相当于印度尼西亚的雅加达一带。

三类地区：全年日照时数为2200～3000小时；接受的太阳年辐射总量为5016～5852兆焦/米^2，相当于170～200千克标准煤燃烧所发出的热量。包括山东东南部、河南东南部、河北东南部、山西南部、新疆北部、吉林、辽宁、云南、陕西北部、甘肃东南部、广东南部、福建南部、江苏北部、安徽北部、天津、北京和台湾西南部等地，为中国太阳能资源的中等类型区，相当于美国的华盛顿地区。

四类地区：全年日照时数为1400～2200小时；接受的太阳年辐射总量为4190～5016兆焦/米^2，相当于140～170千克标准煤燃烧所发出的热量。包括湖南、湖北、广西、江西、浙江、福建北部、广东北部、陕西南部、江苏南部、安徽南部以及黑龙江、台湾东北部等地，是中国太阳能资源较差地区，相当于意大利的米兰地区。

五类地区：全年日照时数为 1000 ~ 1400 小时；接受的太阳年辐射总量为 3344 ~4190 兆焦/米^2，相当于 115 ~ 140 千克标准煤燃烧所发出的热量。包括四川、贵州、重庆等地，是中国太阳能资源最少的地区，相当于欧洲的大部分地区。

一、二、三类地区，年日照时数大于 2200 小时，太阳年辐射总量高于 5016 兆焦/米^2，是中国太阳能资源丰富或较丰富地区，且面积较大，约占全国总面积的 2/3 以上，具有利用太阳能的良好条件。四、五类地区，虽然太阳能资源条件较差，但是也有一定的利用价值，其中有的地方是有可能开发利用的。总之，从全国来看，中国是太阳能资源相当丰富的国家，具有发展太阳能利用事业得天独厚的优越条件。

中国的太阳能资源和美国类似，比日本、欧洲条件优越得多，特别是青藏高原的西部和东南部的太阳能资源尤为丰富，接近世界上最著名的撒哈拉大沙漠。

为了减少碳排放，从日本留学归来的赵春红自制了太阳能发电系统，并于 2006 年 12 月 15 日投入使用。初步计算，该发电系统每年可以发电 3000 千瓦时，等于为国家节约标准煤 1140 千克，从而减少 3.6 吨的二氧化碳排放量。中国利用太阳能发电、实现自我供电，正从梦想变为现实。

4.4.2 热能资源

我们爬山时都有过这样的经历，即使是烈日炎炎的夏季，当爬到一定高度后，就会感觉到一阵阵惬意的凉气袭来，特别是攀爬华山、峨眉山、黄山、尧山等较高的山峰，往往需要租用棉大衣，不然便不能抵御山顶上那刺骨的寒意。有人曾在 6 月从四川北部阿坝出发下山，当他经过海拔 3600 米的地方时，那里的山沟里还有冰雪。下山走到海拔 2700 米的米亚诺地方，那里小麦已经返青。继续往下到达海拔 1500 米处时，地里的小麦将近黄熟。而在海拔 1360 米的茂汶县，小麦已开镰收割。当晚间到达海拔 780 米的川西平原上的灌县时，小麦已收割完毕。一天之中，竟然走过了小麦从播种到收割的全部季节。

在中国西藏、云南等许多地形落差很大的地方，由于气温差距悬殊，会形成非常有趣的高山气候带，山谷到山顶犹如两重天：谷底是亚热带或热带，生长着热带森林；往上是山地暖温带，生长阔叶林；山地温凉带，生长针叶林；再往上是山地寒温带、高山亚寒带，只生长高山草甸；而最上面则是常年积雪、积冰的高山寒带。

在山体庞大、气候复杂的低纬高原，这种现象常见，植被、农作物、经济作物以至家畜，从下到上均有显著差异，就像一个大型的自然博物馆。

比如西藏南部边境县之一的亚东县，地处喜马拉雅山脉中段南麓，与锡金、不丹等国毗邻。境内山清水秀，气候温和，水源充沛，物产丰富，素有“西藏小江南”之美誉。亚东气象站的所在地帕里镇，海拔高度4300多米，4月青稞刚刚出苗。而驱车往南过45千米到海拔2000米的亚东县城，青稞却大都已经成熟了。巨大的地理落差，简直形成了两个世界。一望无际的原始森林，郁郁葱葱，繁茂密集；一簇簇映山红鲜艳夺目，招蜂引蝶。藏族同胞在田间耕作，一派诗情画意的景象。

再如河北省的五台山，最低处海拔仅624米，而最高处竟达3061.1米，为华北最高峰，有“华北屋脊”之称。台顶雄旷，层峦叠嶂，峰岭交错，挺拔壮丽，大自然为其造就了许多独特的景观。五台山气候寒冷，又被称作“清凉山”。全年平均气温为－4℃，7～8月最热，分别为9.5℃和8.5℃；1月最冷，平均气温－18.8℃。台怀地区比台顶早1个月入春，迟1个月入秋，气温相差6℃左右，全年平均气温为2～3℃，最低气温为－30℃，最高气温为30℃，温差竟达60℃之多。台怀地区夏季空中云层较低，湿度大，常有雨水。

4.4.3 降水资源

中国的年雨量分布极不均匀，大体规律是南多北少，并从东南向西北减少。如果在地图上按400毫米画一条年雨量线，你就会清楚地看到，以东北大兴安岭西坡为起点，向西南一直到达西藏拉萨附近，虽然有一些局部弯曲，但基本上把中国分成了东南和西北两部分。线的东南部年雨量多于400毫米，而且越往东南越多，淮河、汉水以南，年雨量普遍在1000毫米以上，东南沿海在1500毫米以上，自然植被多为森林景观。线的西北部雨量明显减少，而且越往新疆吐鲁番附近雨量越少。

中国雨量最多的地方在台湾省北端基隆南侧的火烧寮，1906～1944 年 38 年的平均年雨量达 6557. 8 毫米，1912 年曾出现过年雨量 8409. 0 毫米的记录。火烧寮之所以雨量特别多，主要原因就在于它位于中央山脉的北坡，冬半年面迎从东海上来的潮湿季风，气流稍被地形抬升便大雨倾盆。其次是西藏自治区东南部、雅鲁藏布江下游河谷中的巴昔卡，1931～1960 年 30 年平均降水量达 4495 毫米。以下是台湾省的东兴 2646. 7 毫米，琼中 2340. 9 毫米，云南省的金平 2267. 3 毫米。

线的西北部年雨量少于 400 毫米，大约在 105°E 以西的西北内陆地区，大都出现在西部的新疆维吾尔自治区和青海省，年雨量还不到 100 毫米。其中新疆的吐鲁番盆地、塔里木盆地和青海省的柴达木盆地等，是中国气候最干燥的地方，年雨量一般在 25 毫米以下。例如塔里木盆地南缘的且末，年雨量为 18. 6 毫米；若羌为 17. 4 毫米；吐鲁番 16. 4 毫米；塔里木盆地中的冷湖 17. 6 毫米。新疆天山东端靠近中蒙边境的伊吾淖毛湖，年平均雨量只有 12 毫米。但这还不是中国气象站中雨量最少的地方，最少的地方在吐鲁番盆地西侧的托克逊，年雨量平均只有 6. 9 毫米。据报道，在吐鲁番盆地南部寸草不生的却勒塔格荒漠等地区，几乎终年无雨，是中国也是亚洲年雨量最少的地方。

这些地方干旱缺雨，重要原因是远离海洋，东边由太平洋吹来的东南季风鞭长莫及，南边由印度洋吹来的西南季风又被高大的青藏高原所阻挡，而西从大西洋或北从北冰洋来的气流，经过了万里跋涉，水汽早已经消失殆尽，再加上帕米尔高原和天山的屏障，致使这里成了“四不管”的地方。但天无绝人之路，极度干旱的吐鲁番盆地，因为有天山雪水的滋润，加上大温差、长日照，居然瓜果飘香。

年雨日和年雨量分布比较一致，也是南多北少，即从西北向东南增加。年雨日 80 天（相当于年雨量 400 毫米）的等雨日线，将中国西北和东南分为两部分。线的西北部年雨日都在 80 天以下，塔里木、柴达木和吐鲁番等盆地不但年降水量少，也是中国年雨日最少的地方，一般都不到 20 天，最少的地方甚至只有 10 天左右。例如柴达木盆地北缘的冷湖为 11. 8 天，塔里木盆地南缘的民丰安得河只有9.6天；吐鲁番盆地西缘的托克逊，年雨日也不到10天。

中国东南部的年雨日都在80天以上，淮河、秦岭以南以及东北大小兴安岭和长白山区，年雨日大都在100天以上，30°N以南的大部分地区，甚至达到150天。但年雨日超过200天的地方并不多，像以“天漏”著称的四川雅安，年雨日为219.4天。中国年雨日最多的气象站多数在山上，海拔3099米的四川峨眉山，每年有雨日264天，几乎三天两头下雨，是中国年雨日最多的地方。

4.4.4 风能资源

(1) 中国的风能资源分布

风能资源对经济建设和人民生活都有重大影响。中国冬季盛行气流来自高纬内陆，严寒而干燥；夏季盛行气流来自南方海洋，湿润而多雨。炎热时风能可降温解暑，但严寒时大风能助寒为害。风大的地区风能资源比较丰富，但过大的风速则会使庄稼、树木、通讯设施和建筑物受到破坏。

气象部门表示风速一般有两种指标，一种是平均风速，另一种是大风日数。平均风速是每天4次定时气象观测风速的平均；大风日数则分几个等级，一般为8级，就是说，一天中只要有瞬间风速超过17米/秒（8级），便将这一天记为大风日，不管大风刮的时间长短。

中国年平均风速和年平均大风日数的分布形式比较相似，大多数地区年平均风速在1~4米/秒之间，年平均大风日数为5~20天。

中国有三个地区风速最大，大风最多。第一个是中蒙边境地区，这里年平均风速高达4~5米/秒，甚至更大，大风日数多达50~75天甚至更多。这个地区因地形平坦，寒潮大风、气旋大风畅行无阻。第二个地区是青藏高原，地形也较平坦，由于冬半年更位于高空西风急流之下，午后地面热，对流和湍流加强，高空大风动量下传，因而地面午后常多大风，因而年平均风速高达4米/秒以上，年大风日数多达100天甚至更多，是中国平均风速和大风日数的高值区。第三个大风地区是东南沿海和台湾海峡，因为海面平坦，摩擦力小，年平均风速也多在4米/秒以上，其中台湾海峡及沿岸因为气流狭管效应，风速可达5~6米/秒以上，大风日数也有超过100天的地区。

中国风速最小的地方在川、黔、滇和西藏东南部等西南地区。因为这里地形崎岖，寒潮大风到此已大为削弱，甚至寒潮冷空气根本到不了，加之无台风侵袭，尤其在河谷盆地等凹洼地形之中风速更小，年平均风速仅有1~2米每秒，年平均大风日数也多为5~10天。例如鄂西南山区的恩施，年平均风速0.5米/秒，年大风日数仅0.9天；云南西双版纳的景洪，年平均风速0.5米/秒，年大风日数6.1天；四川平武年平均风速0.7米/秒，年大风日数1.4天；四川万州年平均风速0.7米/秒，年大风日数1.9天。

（2）风力随高度增大

边界层（自地面至1500米高度）中，风速是随高度增加而增大的。下垫面的摩擦作用，将减少风速。由于离下垫面越远（垂直方向上），地面摩擦作用对气流流速的影响越小，因而风速随高度升高而增大。1500米以上的气流速度不再受下垫面摩擦作用的影响，因此称自由大气。比如江西庐山，山脚下的九江，海拔高度32米，平均风速仅2.7米/秒，每年大风日数13.1天。但海拔1164米的庐山气象站，年平均风速5.4米/秒，比九江大了1倍；年平均大风日数120.8天，比九江多了8倍之多。

中国风速最大的气象台站也大多位于高山之上。如吉林省安图县长白山天池气象站，海拔2623米，年平均风速高达11.7米/秒，年大风日数267.8天（最多的1969年，曾达304天之多），均居全国第一。第二是山西五台山，年平均风速高达9.0米/秒，年大风日数也有181.9天之多（最多年220天）。

在这些风力既大、大风日数又多的高山气象站，大风天气进行气象观测非常危险。例如五台山气象站在1959年安装粗壮木栏杆之前，每次大风时，都要腰系粗麻绳，低头弯腰前进。进入观测场门后，还要像在激流中游泳一样，斜着身子向上风方向冲去，方能到达百叶箱跟前。打开百叶箱门时稍一疏忽，箱门就会被大风吹掉，即使百叶箱门用铁链子保护也无济于事，每年都要吹坏好几次。

长白山天池气象站冬季风速比五台山更大，不但百叶箱经常被吹坏，就连铁制的雨量筒、百叶箱前的脚踏小梯也经常被大风吹跑。

（3）地形影响风速

地形影响风速，即使是海拔很高的气象站，如果其上风方有更高的山系阻挡，风速也不会很大。例如，新疆天山北坡的天池气象站，海拔高达1943米，但因为它位于三工河谷之中，年平均风速只有2.9米每秒，年大风日数甚至只有1.9天。海拔更高的拉萨（3658米），也因位于拉萨河谷之中，因而年平均风速仅2.3米/秒，年大风日数26.7天，与东部平原上的北京、上海差不多。

也有这种情况，即使气象站建在海拔很高的高山顶上，风速也不见得很大，例如，四川盆地海拔3047米的峨眉山，但年平均风速也只有3.2米/秒，比东北平原上哈尔滨的还要小，年大风日数也只有43.1天。究其原因，是峨眉山位于比它高得多的青藏高原的东侧，盛行西风时，峨眉山就好像躲在高高的挡风墙背后。而往东400千米、比峨眉山低得多的金佛山（海拔1906米），年平均风速已增加到5.0米/秒，年大风日数甚至多达107.7天。

地形影响风速最显著的作用是隘口地形。在这种地形下，气流进入隘口时流线密集，风速可以成倍增大，民间把这种现象叫做“穿堂风”。

新疆西部的阿拉山口就是一个著名的风口，其两侧都是数千米的高山，而隘口海拔仅200～370米之间，是中国和哈萨克斯坦中亚地区气流扩散的主要孔道之一。由于这里隘口特窄，所以风速特大。中国境内的阿拉山口市（国务院于2012年12月17日正式批准设立）气象站位于该隘口东南端附近的艾比湖畔，每年平均8级以上的大风有160.5天，年平均风速高达6.1米/秒。气象站建站后，多次出现风向器超过最大刻度（40米/秒）的大风，曾经刮倒风向杆，吹坏风速仪，发报的天线也被吹跑，因此艾比湖有了“风湖”的外号。此外，位于甘肃河西走廊疏勒河畔的安西，北有海拔2583米的马鬃山，南有海拔3000多米的野马山，极大风速34米/秒，年平均大风日数80天，有“安西风库”之誉。

新疆天山山脉东段的达板城，是天山南北气流的主要通道之一，冷空气常常经此蜂拥南下。达板城风口海拔1100米，气象站位于风口之中，年平均风速5.7米每秒，年平均大风日数133天。1977年5月，一场12级大风，吹得飞沙走石，不仅把经过这里的一列列车车厢玻璃全部砸碎，还掀翻了9节车厢。

云南洱海西南端的下关市，处在西洱河谷的洞口，洱海水正是通过东西走向的西洱河流入漾濞江的。它西宽东窄的地形，使冬春季节沿河谷东进的西风气流流线密集，风速加大。一旦风起，便连续几天狂风大作，飞沙走石，导致下关城内没有建筑物屏蔽的树木都成了偏形树，迎风西侧的大树枝干稀疏，并且从下关至大理公路两旁延伸了几千米之远，所以古来这里便有“下关风”之说。

（4）风能的利用

风是地球上的一种自然现象，从科学的角度看，风常指空气的水平运动分量，包括方向和大小，即风向和风速；但对于飞行来说，还包括垂直运动分量，即所谓垂直或升降气流。风存在于地球上的任何地方，是一种重要的绿色能源。根据风能资源普查最新统计，中国陆域离地面10米高度的风能资源总储量为43.5亿千瓦，其中可开发量约为3亿千瓦，有广阔的开发前景。中国风能资源仅次于俄罗斯和美国，居世界第三位。

风能是一种清洁、安全、可再生的绿色能源，对环境无污染，对生态无破坏，环保效益和生态效益良好，对人类社会可持续发展具有重要意义。现今调整能源结构、减少温室气体排放、缓解环境污染、加强能源安全已成为国内外关注的热点。国家对可再生能源的利用，特别是风能开发利用给予了高度重视。

据估算，全世界的风能总量约1300亿千瓦，中国的风能总量约16亿千瓦。风能资源受地形的影响较大，世界风能资源多集中在沿海和开阔大陆的收缩地带。如美国的加利福尼亚州沿岸和北欧一些国家，中国的东南沿海、内蒙古、新疆和甘肃一带风能资源也很丰富。中国东南沿海及附近岛屿的风能密度可达300瓦/米^{2}以上，3~20米/秒风速年累计超过6000小时。内陆风能资源最好的区域，是沿内蒙古至新疆一带，风能密度在200~300瓦/米^2，3~20米/秒风速年累计5000~6000小时。这些地区适于发展风力发电和风力提水，新疆达坂城的风力发电站已于1992年装机5500千瓦。

如果你旅游或出差去大西北，沿途就可以看到，在广袤的戈壁滩上，风力发电机成排成行的高大风杆和缓缓转动的风叶，正在利用大自然取之不尽、用之不竭的绿色能源，为人们创造着不可估量的效益。

海上的风能资源更为丰富，近海风力发电技术已成为近来研究和应用的热点。多兆瓦级风力发电机组在近海风力发电场的商业化运行是国内外风能利用的新趋势，海上风力发电场将成为未来发展的重点。

中国海上风能资源储量远大于陆地风能，10米高度可利用的风能资源储量超过7亿千瓦，而且距离电力负荷中心很近。上海已开始海上风力发电项目的建设，到2010年，上海的风力发电总装机容量已经达到200～300兆瓦。中国第一座长距离跨海大桥东海大桥两侧，也将建成中国内地首个海上风力发电场。

海上风力发电在未来30年内将会得到大力发展，中国计划在近海岸大规模建造水上风力发电站，这些发电站可能建在巨大的浮体上，也可能建在水下大陆架上。鉴于海面上风力通常比地面上大，因此海上风力发电更具有发展前景。未来海上风力发电量将能够实现750亿瓦，几乎达到中国所有发电站装机容量的70%。

如果陆上风电年上网电量按等效满负荷2000小时计，每年可提供5000亿千瓦时电量；海上风电年上网电量按等效满负荷2500小时计，每年可提供1.8万亿千瓦时电量，合计2.3万亿千瓦时电量，相当于2006年发电量2.83万亿千瓦时的81%。

按照热量的丰富程度，将中国的气候带从南到北划分。中国东部秦岭淮河以北，西部青藏高原以北，是温带气候区。寒温带是温带中最冷的气候带，位于大兴安岭北部和黑龙江最北段河谷地区。这里生长期短，地下还有岛状永冻土存在，因此只能种植土豆、荞麦、谷子等耐寒的农作物。中温带是中国气候带中面积最大的一个，主要分布在东北、华北和西北地区，一般只有季节性冻土。玉米、高粱、小麦是中温带的主要农作物，水稻在本带大部分地区均可生长。暖温带分东西两大块，东块在中温带和亚热带之间，主要位于华北地区和黄淮之间；西块主要是塔里木盆地、吐鲁番盆地等南疆地区。本区是中国冬小麦和温带苹果、梨、葡萄等水果的主产区，棉花生长良好。亚热带气候北界在淮河秦岭一线，南界在广东雷州半岛北部，几乎包括了中国整个东南地区，柑橘等怕寒亚热带经济作物可以广为种植。青藏高原上的气候带分布主要决定于海拔高度，海拔4500米以上地区只能长草类，基本上无人居住。纬度稍南、海拔稍低的高原寒温带，牧场广阔，是中国发展畜牧业的好地方。更低一些的高原温带，可以种植青稞、小麦、玉米等农作物。藏东南地区是高原亚热带气候，因高原屏障阻挡东亚冷空气而冬季没有严寒低温，玉米、水稻等喜暖作物生长良好，亚热带经济作物柑橘、茶叶等也可栽培。

5　大自然敲响的警钟

地球是美丽的，地球气候是人类得以生存、生活、繁衍、发展的重要环境条件，在史前文化特征形成和社会发展过程中，地球气候发挥着重要作用。在公元前1300年前后，华夏商代第20位国君盘庚迁都于殷，才算开启了华夏农耕文明。农耕文明是人类历史上的第一种文明形态，农耕文明地带主要集中在20～40N°之间，这一地带也是人类早期文明的发源地域，古中国、古印度、古巴比伦、古埃及是农耕文明的典型代表。

古埃及文明、巴比伦文明、印度河文明、玛雅文明相继消亡，历史尘埃把他们埋入远古的岁月，楼兰古国也被葬入漫漫沙漠之中，独有中华古文明得以延续和发展。人类文明无不关乎到气候系统及生态环境异常变化，人类对地球气候过分地陶醉、贪婪和无止境地索取，必然会遭到地球气候无情地报复，地球人类不得不去认识气候的脆弱性，去关注气候的无常变化。古文明相继消亡的事实扑入眼帘的时候，地球上的所有人不得不去认识气候的脆弱性，去关注气候的无常变化。大自然有许多不解之谜，其中之一就是这么多文明社会居然会一下子崩溃。但是，很少有人明白，人类文明无不关乎到气候系统及生态环境异常变化，这些古文明崩溃的主要原因乃是它们赖以存活的环境资源被破坏。

一个社会从其人口、财富和权力的巅峰走向灭亡，只需一二十年的时间就够了。考古学发现，许多很不相同的古代文明的崩溃历程却是惊人地相似。如尤卡坦半岛的玛雅人，美国西南部的阿那萨齐族，圣路易斯郊外的卡何齐亚土丘的建造者，格陵兰岛的古挪威人，复活岛雕像的建造者，非洲的大津巴布韦，柬埔寨的吴哥窟。这些文明以及其他许多文明，遭受到不同形式的环境退化和气候变迁，由此产生的衰落以及与同样遇到环境问题的贸易衰退，使入侵民族有可乘之

农耕文明

机。由于达到巅峰状态的人口、财富、资源消耗和废物产生对环境的影响也达到了巅峰状态，接近了破坏资源的临界点，于是文明社会的崩溃会在达到巅峰之后不久就迅速出现。

正是由于这些古文明的消亡，才为我们敲响了环境保护的警钟。

近年来，极端气候事件频频出现：极地冰川融化、亚马孙雨林燃烧、水资源短缺、干旱加剧……面对残酷的现实，任何人都不应该无动于衷。

5.1 中华古文明的延续

距今3000万年，地球经历了一场惊心动魄的活动期，就是喜马拉雅的造山运动。距今200万年，地球上惊奇地出现了人类的祖先南方古猿。距今175万年，古猿进入能人阶段。与此同时，原始黄河诞生了。距今140万年，因青藏高原抬升使积石峡至三门峡的黄河中游诞生，并随之与下游贯通，之后黄河切穿三门峡东流入海。距今120万年，黄河开始了上游溯源加长的历史。距今15万年，黄河到达今天青海省境内的共和盆地。距今2.5万年，黄河到达今天的青海省玛多县多石峡。距今1万年，黄河自多石峡贯通抵达河源，也就是今天的孔雀河“玛曲”，从此现代黄河出现。黄河成为中华民族的摇篮，孕育了伟大的中华民族，成就了中华文明。

1965年，考古学家在云南省元谋县发现了生存于大约170万年前的元谋人遗址。元谋人属于晚期猿人，已能够制造骨器、粗糙的石斧和其他简单的工具，从

一万年前现代黄河出现

事原始的活动。在发现元谋人化石的地层中，人们发现了很多炭屑，而且含炭层达3米多厚，说明元谋人已经会使用火。距今100万年，经历了大自然中的风霜雪雨，人类终于完成了人猿相揖别，进入猿人前氏族社会旧石器时代，早期猿人已经会利用天然火抵御寒冷潮湿。那个时间的猿人估计把既暴烈又易熄灭的火当成了一种怪状动物，掌握不了火的习性，偶有机会得到了火，但又养不活这种怪状的动物。

距今30万年，人类依然是猿人前氏族社会旧石器时代，这一时代晚期猿人虽然尚不能创造火，但已能控制和保存天然火，“北京人”就是典型的代表。火的利用照亮了远古时代人类的文明，人类从此高举火炬前进，寒冷、黑暗、潮湿、毒虫、猛兽这些威胁人类身体和心灵，造成损害与恐惧的气候灾害和自然势力，都会在人类的熊熊火光面前退却。人类有了抵御自然风雨、克服寒冷气候的武器，生存范围日渐扩大，逐步发展形成为定居生活，从而使人类从食物的采集者变为食物的生产者。

并不是所有的猿人都能进化成人类。《简易经》里这样记载：“猿人也，猿猴也，一祖二别也。同是灵物，我别灵而有慧进化也，他别灵而无慧守宗也。”说明猿人和猿猴是一个祖上猿类。猿人和猿猴都是有灵性的动物，只是猿人的灵性有慧根，才进化为人类，而猿猴虽然有灵性，但缺少智慧就没有进化，基本上守住祖宗的原样，有进化也不大。人类与南方猿彻底分手，从而进入到原始社会，继后发展到奴隶社会。

黄河流域孕育中华古文明的同时，地球上其他地域也在孕育着人类早期的文明。地球气候、生态环境在史前文化特征的形成和社会发展的过程中，发挥着重要作用。恩格斯在《劳动在从猿到人转变过程中的作用》一文中指出劳动创造了人本身，这是在自然创造了人的大前提下提出来的。人类学会了在复杂气候环境下生活，从原来居住的炎热地带，迁移到比较冷的、在一年中有冬夏春秋的地带后，就产生了新的需要，需要有住房和衣服来抵御寒冷和潮湿，需要有新的劳动领域以及由此而来的新活动，后来又从物质的需求发展到物质和精神的多种需求，这就使人离动物愈来愈远了。因此说，首先是大自然，尤其是气候环境和气候变化创造了人，然后才是劳动创造了人本身。

南方古猿

华夏黄河流域原始农业、原始畜牧业为了适应气候变化，早在五帝、夏代就开始密切关注天文、气象，总在不断认识大自然。到炎帝、蚩尤、黄帝时期，已经有了图像文字，图像文字中有一个字，上部像是太阳的一个圆，中间是火的形状，或者表示的是云霞，下面是五个山峰。这个字现代人解释为“旦”或“霞”，也有人认为是“炅”。这应该是远古人类对天文、气象长期观测认识的结果，并抽象出来这个最原始的与气象有关的图像文字。

汉字的形成经历了刻画符号、图形文字、甲骨文字等漫长的过程。甲骨文字里有占卜商王外出田猎会否遇上大雨的骨片，堪称“远古天气预报”。骨片上文字的内容是：“中日至。昃不雨。食日。至中。日不雨。自旦至。食日。不雨。弜田。其遘。大雨。”意思是问商王外出晚间有没有雨，令占卜上午会不会有雨。

由甲骨文可知，商代总在探索大自然中的气象奥秘，寻求与大自然的和谐共处。甲骨文字里有人工求雨，祈祷风调雨顺，占卜上天会不会降下旱灾，会不会刮风和下雨打雷，会不会降冰雹，有祭祀云的活动，有对雾的记录等，涉及气象方面的骨片很多，皆是为了求得与大自然的和谐，希望风调雨顺，以利于农作物的长势，使他们有丰收的年成，生活平安幸福。甲骨文字里不少远古气象文字成就了气象雏形。

气候环境同人类活动的互动作用影响着某些地区文明的盛衰，黄河流域最适宜人类生存繁衍，因而成为历朝历代各种势力争抢的风水宝地，黄河流域的气候环境优势则是促成该地区逐渐成为多元一体文化格局中心的重要因素之一。华夏祖先在黄河流域定居下来，定居生活使人类从食物的采集者变为食物的生产者，经过漫长的岁月，华夏商代文明取得了大的进步，生产力第一次发生了飞跃。公元前 1277 ~ 公元前 1300 年，商代第 20 位君主盘庚迁都安阳殷墟，华夏开启了农耕文明。农耕文明是人类历史上的第一种文明形态，农耕文明地带主要集中在地球上的 20 ~ 40N°之间，这一地带也是人类早期文明的发源地域，古中国、古印度、古巴比伦、古埃及是农耕文明的典型代表。

就在华夏仓颉造字的黄帝时代，古代埃也出现了文字体系，并经历了象形文字、祭祀体文字、世俗体文字、科普特文字的四个阶段演变，从公元前 3000 年，一直使用到公元 4 世纪末，流行了三四千年之久，成为世界上最古老的文字之一。有了文字这个载体，埃及的文明就长上了翅膀，它不再局限于在尼罗河地区的影响，开始向近东地区和非洲以及地中海沿岸传播。一个文明要是没有自己的文字，是很难生存下来的，在古代中东地区有许多兴起的文明，正是因为没有文字或是文字没有生存能力和适应性，很快就衰落了。而古埃及的象形文字具有强大的生命力，不断地改变自己而具有了适应性，使得它能把古埃及文明成功地承载、传播、流传下来。

早在距今 6000 年的时候，属于古巴比伦文明的幼发拉底河和底格里斯河两河流域也产生了图形文字。这种文字用芦管刻在泥版上，晒干后成为长久保存的文书。芦管刻成的笔画如同楔形，因此被称为楔形文字。楔形文字后来为古代西亚各国所采用。

华夏的诗歌、音乐均早于文字，自从有了文字，便有了用文字记录的诗歌。《诗经》就是华夏的第一部诗歌总集，属于先秦时期的黄河流域文化。《诗经》中有风、霜、雪、雨、云、雾、雷、霾、虹，有地域气候、物候、极端天气气候事件、天文与气象等不少气象方面的内容，含有丰富的气象文化。但《诗经》毕竟不是关于气象的专业书籍，所以涉及气象文化的内容并不集中，只是散见于各篇，且多是作为赋、比、兴的铺垫，将天然的物境、特定的情境和人为的心境三境合而为一，营造出情景交融、感人至深的意境氛围。除了《诗经》，华夏先秦文化中还有《易经》《夏小正》《逸周书》《竹书纪年》《淮南子》《竹谱》等，均有气象的内容，有些还是专门的物候、气候和气象书籍。

人类最初接触到、感受到需要认识的主要是自然界里的风云变幻，远古的天文学实际上包括天文与气象两门科学，古代天文、气象没有分家，许多科学包括气象学、天文学、农学、地学乃至数学等自然科学是从最原始的气象学和天文学开始发生和发展起来的。原始人类早期对鸟兽活动、草木发芽开花结果的观察，多数是无意识的活动，完全是被动的行为，还谈不上是物候观测。人们开始想办法确定季节、进行物候观测的时候，已经成为有意识地、自觉地、有目的地认识自然，成为从事科学活动。人类被动地受大自然的驱使的历史，比有意识地认识大自然的历史要漫长得多。中国在物候、气候和节气方面形成系统的学问，大约始于夏代，直到汉代物候学才逐渐发展起来，到二十四节气定型时，达到了古代物候学的一个高峰。

黄河流域先民发明创造的二十四节气，大致反映了黄河流域的先民为了适应变化的气候环境，抵御气候灾害，努力追求与大自然达到和谐的漫长历程，是长期观测物候和研究气候的结果，是数个时代人类认识自然的集体智慧结晶，是世界气象史和天文史上的奇迹。

农耕时代的几千年里，黄河流域一直依靠二十四节气来安排生活和生产活动，为华夏农耕时代的物质文明和文化发展做出了巨大贡献。二十四节气的影响由黄河流域扩展到整个华夏大地，又由华夏远播海外各大洲。

黄河流过千古，留给中华儿女的有欢笑也有悲伤。古代气候偏暖的时段，黄河流域雨水变得丰沛，由于生产力低下，加上连年战争，黄河在东部平原上总是

黄河岸边

向东向南一次次改道。自从大禹治水，先民们为了生存、延续、发展，一次次治理黄河，上演了一幕幕战洪图。

由甲骨文、《诗经》、二十四节气、治理河堤等华夏先秦文字的记录，不难发现华夏先民总在探索大自然的奥秘，寻求与大自然如何和谐共处。因而，独有中华农耕文明得以延续发展，这是华夏适应气候变化，追求与大自然和谐的结果。然而，与华夏农耕文明同时代的古埃及、巴比伦、印度河、玛雅文明，由于气候变化、环境破坏和生态的恶化，当然还有战争等其他社会因素，使得他们相继消亡了，历史尘埃把他们葬入远古的岁月。

5.2 世界古文明的消亡

我们生活在巨大无边的土地上，从太空看地球，大气层就像一层薄纱，白色的云层衬在蓝色的海洋和绿黄相间的陆地上。地球是一个水的星球，海洋占了全球面积的 71%，而正是这广袤无垠的海洋，给地球带来勃勃生机。

地球是美丽的，但认识她却不太容易。人类社会诞生于地球，成长于地球，与地球母亲相依为伴，在地球上创造了古代与现代辉煌的文明。

对任何事物的认识都是循序渐进的，对我们可爱的地球也不例外。人类最初接触到、感受到和需要认真适应的，主要是自然界里的风云变幻。人类历史包含着人类与大自然关系的历史，人类要想适应大自然，与大自然达到和谐，就要认识大自然的规律，从而取得人类自身的进步和发展。

史前人类对气候变化只能是本能地适应，原始农耕时代人类有了产业，才开始积累气候知识，而这些知识多是表面现象的、感性的和零散的。随着农耕文明的发展，气候知识丰富了，并逐渐系统化。这个萌芽期实际是相当漫长的，有了系统知识并发展到理论性的概括，对于物候、气候和节气形成系统学问，才算初步具有了科学形态。

随着时间的推移，人类对气候变化的认识逐步科学化。

史学家往往将古代文明称为“大河文明”，不是没有道理的。因为这一阶段的人类文明寄居地都与河流紧紧相连。即便是相对固定的农耕文明，也会随河道的变迁而转移，而游牧文明则从远古开始就逐水草而居并一直延续至今。当我们打开世界地图，现代的繁华都市绝大多数依然在河流、海洋的附近。人类文明的诞生、繁衍和传承从来就没有脱离过自然，没有超越生态环境的限制。

研究远古文明的消亡，绝不是灯前月下的闲适，我们可以从中看到争夺生存空间的杀戮与血腥，对大自然的贪婪掠夺和大自然惨遭破坏的教训。那些最早定居的农耕文明就如同沙漠中的几片绿洲，被漫无边际的游牧民族包裹着。长期以来，农耕文明地区就成为北方游牧民族入侵的对象。在长达数千年的时间里，在地球诸大的空间里，往往都是北方的游牧民族入侵南方的农耕文明。这种对峙，从公元前3000年人类文明产生的时候就已经开始了，一直持续到公元后的15世纪。可以说，人类4000多年的历史，都是在这种严酷的对峙中度过的。在公元十五六世纪这个世界历史的重要分水岭到来之前，人类文明主要就是在游牧世界与农耕世界的冲突、融合过程中，不断地发生和丰裕起来的。

5.2.1 古埃及文明的消亡

位于尼罗河第一瀑布至三角洲地区的古埃及文明，形成于公元前5000年，消亡于公元641年。也有学者认为，古埃及文明存续于公元前4245年至公元332年。古埃及南北濒临地中海和尼罗河的几处大瀑布，位于非洲的东北部，以尼罗河为中心，其东西为干旱的沙漠。

古埃及文明发源于尼罗河畔，是尼罗河的赐予，归根结底是古气候的赐予。丰沛的雨水，适宜的冷暖，使得古埃及文明得以发展。埃及古老而神秘的土地上，巨大的金字塔、神秘的木乃伊、生动的象形文字都给人们留下了回忆，但4500年前，古埃及文明在这片土地上神秘地消失了。

曾几何时，每到夏季，雨水汇入尼罗河中，上游地区的富含无机物矿物质和有机质淤泥随着河水漫溢到古埃及，给古埃及土地留下一层薄薄的沉积层，以补充从田地中收获作物所吸收的养分，近乎完美地满足了农田对于有机质的需要，从而使这块土地能够生产大量的粮食来养育古埃及的人口。正是这样无比优越的气候和地理条件造就了古埃及漫长而辉煌的文明。然而由于尼罗河上游地区的森林不断地遭到砍伐，以及过度放牧、垦荒等，使水土流失日益加剧，尼罗河中的泥沙逐年增加，加之雨水逐渐减少，干旱频繁发生，昔日的地中海粮仓失去了往日的辉煌，沙漠干旱葬送了古埃及文明。古埃及文明创造者们留给子孙后代的遗产，除了古老的文明外，还有90%完全沙漠化的土地。

5.2.2 巴比伦文明的消亡

巴比伦文明距今6000~2500年，是幼发拉底河和底格里斯河流域附近一系列城市文明的总称，后人称为两河流域文明。古巴比伦是历史最悠久的古代东方国家之一，但直到近代，辉煌的巴比伦城才由考古学家发掘出来，重新展现在世人面前。

两河流域诞生了世界上第一座城市，创造了最早的文字、最早的学校、最早的图书馆，出现了最早的寓言、格言、谚语和爱情诗，甚至还流传下来世界上第一部《药典》、第一部《农人历书》等。古巴比伦盛行星宿崇拜，观测天象、预测吉凶的习俗促进了占星术的发展。巴比伦文明时期的数学和天文最为发达，那时间已经知道如何区别恒星与行星，能预测日月蚀和行星会冲现象，有了太阴历，为适应地球公转的差数，已经知道设置闰月。生活在那个时期这块土地上的人们凭借着智慧和劳动，将这个地区灿烂的文明一步步推向顶峰，取得了举世瞩目的成就。

古代的两河流域并不是一片安宁的土地，这块沙漠中的新月形绿洲是各个游牧民族部落觊觎的对象，因此战争此起彼伏，朝代不断更迭，历史便在这刀光剑影中演绎。连年征战，加上巴比伦人在创造灿烂文化、发展农业的同时无休止地垦耕、过度放牧、肆意砍伐森林等，破坏了生态环境的良性循环，随着气候变化，雨水减少，干旱加剧，使这片沃土最终沦为风沙肆虐的不毛之地，漫漫黄沙使巴比伦王国在地球上销声匿迹，巴比伦文明消亡于生态恶化。

5.2.3 古印度河文明的消亡

大约距今5000年，也就是在华夏的五帝时期，印度河流域就出现了真正的城市，农业后来逐渐扩张到印度河边低地，从而使古印度河流域成为人类早期文明的发祥地之一。印度河文明直到1921～1924年才被人们发现，此前却长期埋藏在地下不为人知。

印度河有充沛的雪水，夏季有季风带来的雨水，多条支流从喜马拉雅山区流出，流过旁遮普和干燥的拉贾斯坦低地，进入信德的沙漠后在卡拉奇附近入海。印度河流域的下游是沙漠，低地少雨，因而农业必须依靠灌溉。一年一度的洪水既提供了水，又带来了极肥沃且容易耕种的冲积土壤，再加上长而温暖的生长期，终年不断的日照，构成了发展农业的优越条件，是名符其实的粮仓。印度河流域曾是气候宜人、农业发达、物产丰富的肥沃良田，栽培的作物主要有大麦、小麦、豆类、芝麻和蔬菜，在水源好的地方也种稻谷，此外还有果树和棉花，所以印度是棉花的故乡。遗址中还发现了印度河文明中心以外的物品，说明当时的商业也很活跃。

距今4000年前后，灌溉的土地和城市占地面积在逐渐缩小，印度河文明开始衰落。距今3900年前，洛塔尔港口被放弃，其他较大居住中心维持的人口也比原先大为减少，且拥挤在衰败城市的某个小区域中。在逐步走向没落的日子里，居民们又遭到了异族入侵或匪帮残忍的烧杀抢掠。任何文明存在很多世纪后，都有可能出现衰退迹象，但古印度河文明却是由沙漠或半干燥环境引起的短期快速衰败。

古印度河流域干旱地区长期依靠灌溉，经蒸发后因无雨水有效冲刷而留下了大量的盐碱。灌溉使地下水位提高，甚至作物根部被淹，当积累的盐碱达到对作物有害的水平，农业也就宣告完结。印度河流域古代耕种过的地区中，有大片地块看来就是由于这些原因而被放弃的。

由于人类无休止地向大自然索取，毫无顾忌地开垦，破坏了生态结构和生态平衡。一再发生的洪水和江河改道，直接威胁城市，温德亚山和喜马拉雅山南麓的水土大量流失，所携带的淤泥淤塞了河道，堵塞了农田供水的灌溉渠道，灌溉区失去水源，使肥沃的土地变成了不毛之地。印度河文明的瓦解，没有气候变化的证据。印度河文明瓦解后，成就了今天的塔尔沙漠，居民区开始移向孔雀王朝崛起的恒河流域。

5.2.4 玛雅文明的消亡

玛雅文明约形成于距今4500年，属于中美洲古代印第安文明，是美洲古代印第安文明的杰出代表。玛雅人最早分布于南墨西哥、危地马拉、巴西、伯利兹、洪都拉斯及萨尔瓦多等地。玛雅文明在物质文化、科学艺术等方面有很大成就。当时的玛雅人兴建了规模巨大、功能完备的城市，并有着复杂的宗教体系，有极为先进的数学体系和天文历法。

随着城市规模不断扩大，金字塔修建得日益增高，对木柴的需求量也越来越大，大片森林被砍伐殆尽，森林受到无节制破坏，当地的环境也逐渐恶化。国王和贵族所关注的是征战扩充地盘和掠夺，向农民勒索足够的食物，使自己更加富裕，以维持自己为所欲为的活动和糜烂的生活，并且还要建立彰显自己功勋的纪念碑。城市人口超过了可支配资源，森林的砍伐增加了环境破坏的程度，水土流失更减少了可用耕地面积。更多的农民为了生存，不得不在被过度利用的土地上种植更多的庄稼。

750~850年，正是玛雅文明消失的年代，由于连年发生旱灾，摧毁了玛雅文明赖以生存的农业基础，干旱成为玛雅文明崩溃的重要原因。西方学者研究发现，玛雅地区发生的旱灾有着明显的周期性，大旱灾每隔208年就发生一次，与太阳的周期性活动增强有关。大的旱涝灾害，全球几乎会同时发生。785年，中国关中大旱，春耕无法进行，至八月，河流枯竭，井皆无水；790年，中国大旱，关中无法进行春耕，江南、福建井水和泉水枯竭，疾病横行，死者众多。

800年，大洋彼岸的玛雅干旱达到了顶峰。锁链就怕打开缺口，一旦赖以生存的环境遭到破坏，修复却不是容易的事情，造成了恶性循环。连年发生旱灾，河流湖泊干涸断流之后，玛雅人又没有打井筑渠的水利知识，农业的歉收引起了一系列连锁反应，巨大的都市文明最终分崩离析，文明高度发达的古玛雅人解体成中美洲丛林中若干支印第安部落，最终导致玛雅文明的消亡。气候、环境、生态直接关系着人类文明的兴衰存亡，地球人类应当以史为鉴，引以为戒。

5.2.5 楼兰古国的消亡

说到古文明的消亡，需要提到楼兰古国，楼兰古国属西域三十六国之一，与敦煌邻接，公元前176年以前建国，与汉朝关系密切，中国魏晋及前凉时期为西域长史治所，位于新疆罗布泊西北，东通敦煌，西北到焉耆、尉犁，西南到若羌、且末，曾经是西域一个强悍部族生息繁衍的乐园。那时的楼兰古国经济繁荣，物产丰富，古城周围建有雄伟城墙，是边境重镇，丝绸之路的南北两条路从楼兰分道，中国内地的丝绸、茶叶、西域马、葡萄、珠宝，最早都通过楼兰交易，许多商队经过时，都要停下休息。

楼兰古国遗址最早的发现者是瑞典探险家斯文·赫定。《史记·大宛列传》记载，早在2世纪以前，楼兰就是西域一个著名的古国。《汉书·西域传》记载："鄯善国，本名楼兰，王治扜泥城，去阳关千六百里，去长安六千一百里。户千五百七十，人口四万四千一百。"玄奘在其旅行末尾做了极其简单的记述："从此东北行千余里，至纳缚波古国，即楼兰地也。"

楼兰古国毗邻烟波浩淼的罗布泊，当年城门前环绕着清澈的河流，人们在碧波上泛舟捕鱼，在茂密的胡杨林里狩猎，沐浴着大自然的恩赐。郦道元《水经注》记载，东汉以后，塔里木河中游的注滨河改道，导致楼兰严重缺水。敦煌的索勒率兵1000人来到楼兰，又召集鄯善、焉耆、龟兹三国兵士3000人，不分昼夜横断注滨河，引水进入楼兰，缓解了楼兰缺水困境。此后尽管楼兰为疏浚河道做出了最大限度的努力和尝试，但楼兰最终还是因断水而废弃了。630年，楼兰古国延续了800多年最终消亡。

楼兰的消亡与人为破坏大自然的生态平衡有密切关系。楼兰地处丝绸之路的要冲，汉、匈奴及其他游牧国家经常在楼兰挑起战争，为了本国的利益过度垦种，使水利设施、良好的植物受到严重破坏。3 世纪后，流入罗布泊的塔里木河下游河床被风沙淤塞，塔里木河和孔雀河便另觅新道，流向低洼处，形成新湖。而旧湖在炎热的气候中，逐渐蒸发，成为沙漠。水是楼兰城的生命之源，罗布泊湖水的北移，使楼兰水源枯竭，树木枯死，在肆虐的沙漠风暴中，楼兰终于被沙丘湮没了。

在曾经的岁月里，从恐龙称霸到猛犸消失，直到人类古文明的消亡，历史长河无数次湮没了星河灿烂的文明。究竟是什么改变了山河，又是什么悄悄地改变着地球的容颜？这里原因当然很复杂，但有一个重要原因不能忽视，这就是气候变化、环境破坏、生态恶化。如果说类人古文明的消亡距离我们太遥远，那么就让我们看看发生在眼前惊心动魄的现实吧！

5.3　惊心动魄的现实

5.3.1　亚马孙雨林燃烧

位于南美洲的亚马孙河是世界上流域最广、流量最大的河流，其干支流蜿蜒流经南美洲 7 个国家。亚马孙雨林是世界上最大的热带雨林，沿亚马孙河两岸，形成了一道不宜穿越的林墙。

亚马孙河孕育了世界上最大的热带雨林，亚马孙热带雨林被公认为世界上最神秘的生命王国。热带雨林的生存条件很苛刻，它要求一年四季 12 个月几乎不间断地是雨季，如果中间有一个旱季的话，就不叫热带雨林了。

2005 年夏天，南美洲传来惊人消息：亚马孙河不是仅仅水位降低，而是它的支流干涸了，亚马孙的热带雨林也奄奄一息。空前的干旱，巴西不得不用直升机向灾区送水，以避免在那里以河水为生村民因干旱而死亡。这场干旱对于亚马孙雨林来说更是致命。

高温干旱，森林下面的枯枝落叶水分就会减少。水分减少，无疑就容易引起火灾。极端的高温加上干旱，引发了 2005 年夏天的亚马孙雨林大火，超过 2500

亚马孙雨林燃烧

平方千米的亚马孙雨林被烧毁。如此大范围的燃烧，让储存在森林中数亿吨的碳排放到空气中，其影响波及到了整个南半球，甚至对全球气候变暖都会有正能量的贡献。大火之后，森林中许多植物的叶子停止了光合作用，纷纷枯萎凋零。

正常情况下，森林是抵御温室气体的第一道防线，它们吸收大量的二氧化碳，同时释放出氧气。特别是位于赤道地区的热带雨林，它们一年四季都在生长，而且温度高，水分多，光合作用能力强。但在那个极端酷热的夏天，一些植物停止释放氧气，而向空中释放二氧化碳，这将给生物圈带来什么样的后果？

2010 年 4 月，西班牙鸟类学家米格尔·费雷尔在一场有 200 名鸟类学家出席的高层国际会议上，展示了一个令所有与会者瞠目结舌的现象：过去几十年来约占全世界候鸟总数 70% 的 200 亿只候鸟，改变了它们的迁徙习性，长途迁徙的候鸟现在只进行短途迁徙，而短途迁徙的候鸟已经不再迁徙了。这样的改变对它们的繁殖习惯、进食习惯和遗传多样性无疑产生了重大影响，而这种影响反过来又对它们食物链上的生物造成了冲击。

2009 年 8 月 25 日，世界自然保护联盟发表公报称，由于受到包括气候变暖在内的各种不利因素影响，世界上 6000 多种两栖动物中有 1/3 面临灭绝的危险，成为当今世界生存形式最为严峻的动物群体。

气候变化还使苏格兰赫塔岛上的绵羊越长越小，在过去的 24 年中，它们的体形平均缩小了 5%。在全球变暖的大背景下，赫塔岛的冬天不仅越来越短，而且变得相对温暖。这延长了绵羊的吃草时间，但也降低了绵羊积累厚重脂肪的需求。它们的变化，再次证明了全球变暖的真实性。

5.3.2　极地冰盖消融

2010 年 4 月，在拥有全球 70% 热带冰川的秘鲁，由于冰层断裂，一个相当于 6 个足球场大小的巨大冰体坠入了安第斯山脉的一个高山湖泊中，引发了 23 米高的海啸波，并侵袭了沿岸的一座城镇。

同样是 2010 年 4 月，中国新闻社的记者在云南省丽江市玉龙雪山管理委员会获悉，该市著名景点和市区水源供给的主要来源地玉龙雪山，冰川消融加剧，19 条冰川中，已有 4 条消失。从 1982 年到 2002 年，玉龙雪山最大的白水 1 号冰川的冰舌大约后退了 250 米，厚度和积雪面积也在减小。冰川末端海拔高度由 2004 年的 4255 米上升至 2009 年的 4320 米，海拔 4680 米处的冰川宽度由 2004 年的 336 米缩减为 2009 年的 318 米。专家认为，全球气候变暖是玉龙雪山冰川近 20 年来消融加剧的主要原因。

据 2010 年 1 月美国《地球物理研究通讯》登载的一份调查报告，长期以来很安静的北冰洋海冰正以惊人的速度融化。2007 年夏天的两个星期，北冰洋的冰层每天减少多达 21 万平方千米。

2010 年 3 月 14 日，美国宇航局卫星飞越南极上空时发现，理应终年结冰的南极洲西部松树岛湾，出现了大部分海域无冰的罕见景象。

现代冰川在世界各地几乎所有纬度上都有分布，总共有 2900 多万平方千米，覆盖着大陆 11% 的面积，储藏着全球 3/4 左右的淡水量。南极大陆和格陵兰岛积聚了全球冰川量的 99%。如果格陵兰的冰盖融化，全球的海平面将上升 7 ~ 8 米。

科学家发现，在 2004 年之前的 40 年间，冰川退缩了 7% 左右。而最新的数据显示，在过去的20年里，冰川每10年的退缩速度变得比之前更快。冰川的加速融化，在格陵兰岛和青藏高原等地体现得尤其明显。

因为冰川就像诺大的反光镜，太阳照射到冰雪平面上，由于反射率大，太阳光基本上会被全部反射回大气中。这也就是为什么下过雪之后会感觉天气很冷的原因。极地地区被冰雪所覆盖，所以天气也就特别寒冷。积雪越多，反射率越大，天气也就越寒冷。而地球的升温，正好与冰川的融化速度成正比。地球升温加剧，冰川的融化也会加剧，海平面上升的速度也就会更快。

冰川融化，会给人类社会带来一系列影响。远的不说，就说青藏高原。青藏高原上有很多湖泊，这些湖泊距离冰川有的比较远，有的比较近，就处在冰川末端。位于冰川末端的湖泊，通常是由冰川退缩以后的松散沉积物堵塞而形成的，这种湖泊一般都很不稳定，当水量积累到一定高度时，重力加大，就会发生突然的溃决。这种溃决甚至比洪水的威力还要大，由于所处地势高耸，往往能一泻千里，横冲直下，导致下游的村庄、桥梁、道路等被淹没。距离冰川比较远的湖泊通常面积比较大，如果湖面上升，就会淹没周围的草地。在青藏高原上，湖泊周围的草场往往是最好的草场，也是牧民聚居的地方，一旦草场被淹，牧民就得搬家，造成自然和社会双重问题。

青藏高原是亚洲很多河流的发源地，包括长江、黄河、恒河、印度河、湄公河等。如果这里的冰川融化了，也就意味着这些大江大河的源头将要改变。可见，青藏高原问题不仅仅是区域性问题，通过大气过程与周围地区的相互作用，它关乎到全中国、亚洲、北半球甚至全球。

2009年7月4日，中央电视台播出了《黄河源冰川退缩了77%，三江源生态告急》的节目。严酷的事实告诉我们，近30年来被称为“中华水塔”的三江源冰川，退缩速度是过去300年的10倍；自1966年以来，黄河源区的冰川退缩比例最大达到77%；三江源有90%左右的草地出现了不同程度的退化，和50年前相比，单位面积产草量下降了30%～50%；三江源的湖泊、河流都在缩小甚至干涸；从三江源生态保护区搬离草场的牧民已经超过了3万人。在中国，山地冰川是包括青海、西藏和新疆在内西部地区很重要的水源，例如新疆北部，大概有40%的农业用水来自冰川。冰川对人类的意义不容忽视。

5.3.3 沙漠化

沙漠化是由于气候干燥，降水稀少，日照强烈，昼夜温差很大，蒸发大于降水，大风吹蚀，流水侵蚀，土壤盐渍化等造成土壤生产力下降或丧失形成的贫瘠土地和荒无人烟的不毛之地，有狭义和广义之分。“沙漠化”名词起源于20世纪60年代末和70年代初，非洲西部撒哈拉地区连年严重干旱，造成空前灾难。《联合国防治荒漠化公约》中指出，荒漠化是指包括气候变异和人类活动在内的种种因素造成的干旱、半干旱和亚湿润干旱地区的土地退化。

据联合国资料，目前全球1/5人口、1/3土地受到沙漠化的影响。1992年6月世界环境和发展会议上，已把防治沙漠化列为国际社会优先发展和采取行动的领域，并于1993年开始了《联合国防治荒漠化公约》的政府间谈判。1994年6月17日公约文本正式通过。1994年12月联合国大会通过决议，从1995年起，把每年的6月17日定为“全球防治沙漠化和干旱日”。

沙漠化和气候变化作为全球性的重大环境问题，科学界历来对此十分重视。中国是世界上沙漠化严重的国家之一。截至2004年，中国的沙漠化土地面积为263.62万平方千米，占国土面积的27.46%，近4亿人口受到沙漠化的影响。其中沙化土地面积173. 97万平方千米，占国土总面18.12%。与20世纪90年代中期至20世纪末的情况相比，目前沙漠化和沙化土地面积、扩展速度均出现减少和减缓的趋势，沙化土地已由20世纪90年代末每年扩展3436平方千米，转变为每年减少1283平方千米。这是气候变化和人类活动综合影响的体现，也是国家加大生态工程建设力度和加大沙漠化防治投入的结果。中国未来气候变化和人类活动对沙漠化的扩展与逆转过程仍会产生影响。

气候变化中的降水变化在大范围内控制着沙漠化土地的扩展与逆转过程，气候暖干化有助于沙漠化的发生与扩展，但在局部地区随着气温升高有降水增多的可能，有利于沙漠化土地的逆转。人类活动对沙漠化的影响有正反两方面的效应，特别是沙漠化地区人口增长以及对农牧产品等物质需求的增加而引起的不合理经济活动是不容忽视的。要遏止沙漠化的扩展，应采取适应与减缓气候干旱化对策，消除人为沙漠化因素，并积极整治沙漠化土地，从根本上促进沙漠化土地的逆转。

中国沙漠化土地中，以大风造成的风蚀沙漠化面积最大，占了160.7万平方千米。据统计，20世纪70年代仅土地沙化面积的扩大速度，每年就有2460平方千米。土地的沙化给大风起沙制造了物质源泉。因此中国北方地区沙尘暴发生越来越频繁，且强度大，范围广。1993年5月5日，新疆、甘肃、宁夏先后发生强沙尘暴，造成116人死亡或失踪，264人受伤，损失牲畜几万头，农作物受灾面积33.7万公顷，直接经济损失5.4亿元。1998年4月15~21日，自西向东发生了一场席卷中国干旱、半干旱和亚湿润地区的强沙尘暴，途经新疆、甘肃、宁夏、陕西、内蒙古、河北和山西西部。4月16日飘浮在高空的尘土在京津和长江下游以北地区沉降，形成大面积浮尘天气。其中北京、济南等地因浮尘与降雨云系相遇，于是“泥雨”从天而降。宁夏银川因连续下沙子，飞机停飞，人们连呼吸都觉得困难。

5.3.4 臭氧层破坏

臭氧主要是在太阳短波辐射下，通过光化学作用，氧分子分解为氧原子后再和另外的氧分子结合而形成的。另外，有机物的氧化和雷雨闪电的作用也可形成臭氧。大气中臭氧的分布随高度和纬度而变化，近地面层臭氧含量很少，从10

千米高度开始逐渐增加，到12千米以上臭氧含量增加得特别显著，在20～30千米高度达最大值，再往上则逐渐减少，到55千米高度就极少了。

20～30千米高度的大气中，既有足够的氧分子，又有足够的氧原子，形成了臭氧形成的最适宜条件，故把该层称臭氧层。臭氧层气体非常稀薄，即使最大浓度处，臭氧与空气的体积比也只有百万分之几。臭氧能大量吸收太阳紫外线，使臭氧层增暖，影响大气温度的垂直分布，从而对地球大气环流和气候的形成起着重要的作用，是地球的保护层。

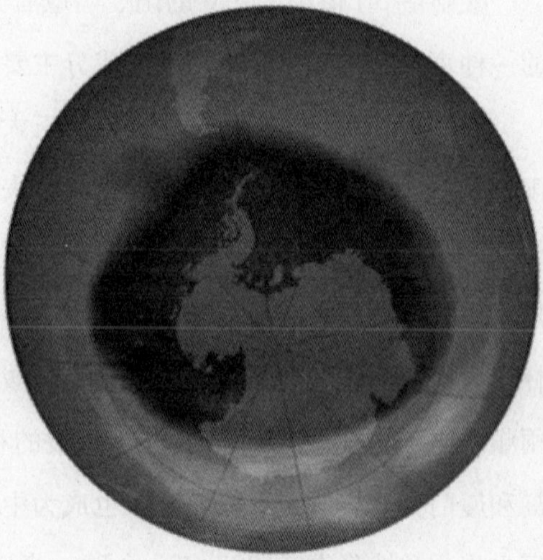

南极臭氧洞

自20世纪80年代初期以后，大气臭氧浓度出现了持续下降趋势，臭氧量急剧减少，引起人们的极大关注。科学家发现南极出现了臭氧层空洞，北极的臭氧也在减少，而且在青藏高原上空夏季形成了臭氧层低谷现象。

研究表明，工业上大量使用氯氟碳化物等气体是破坏臭氧层的主要原因之一。完全由工业合成的氯氟碳化物，广泛被用作各种冷冻空调的冷媒、电子和光学元件的清洗溶剂、化妆品等喷雾剂，以及泡沫塑料的发泡剂等。其产量从20世纪50年代末起大量增加，在对氯氟碳化物实行控制之前，全世界向大气中排放的氯氟碳化物已达到了2000万吨。而且它非常稳定，在对流层大气中几乎没有能与它们起反应的物质，排放多少就积累多少，其生命期长达70～160年，在大气中不断积累，最后将上升至平流层。氯氟碳化物进入平流层后在强烈的紫外辐射作用下就可能被光解，释放出原子氯，如果这一机制不被其他过程干扰，只要有少量的原子氯产生，就会使臭氧层很快被破坏。

臭氧层被破坏以后，吸收紫外辐射的能力大大减弱，导致到达地球表面的紫外线明显增加，给人类健康带来许多危害。紫外线辐射量的增加，会降低人体的免疫系统功能，危害呼吸器官和眼睛，诱发慢性病，增高皮肤癌发病率等。

5.3.5 酸雨危害

酸雨指 pH 值小于 5.6 的雨、雪或者其他形式的大气降水，是大气受到污染的一种表现形式。大气中的酸雨成分主要包括硫酸、硝酸和盐酸三种。

中国是继欧洲、北美之后世界第三大重酸雨区。20 世纪 80 年代，中国的酸雨主要发生在以重庆、贵阳和柳州为代表的川贵两广地区，酸雨区面积为 170 万平方千米。到 20 世纪 90 年代中期，酸雨已发展到长江以南、青藏高原以东及四川盆地的广大地区，酸雨面积扩大了 100 多万平方千米。以长沙、赣州、南昌、怀化为代表的华中酸雨区现已成为全国酸雨污染最严重的地区，其中心区年降酸雨频率高于 90%，几乎到了逢雨必酸的程度。以南京、上海、杭州、福州、青岛和厦门为代表的华东沿海地区也成为中国主要的酸雨区。华北、东北的局部地区也出现酸性降水。1998 年，全国一半以上的城市（70% 以上的南方城市及北方城市中的西安、铜川、图们和青岛）都下了酸雨。酸雨在中国已呈燎原之势，覆盖面积已占国土面积的 30% 以上。

酸雨对人体健康、生态系统和建筑设施都有直接和潜在的危害。酸雨可使儿童免疫功能下降，使慢性咽炎、支气管哮喘及老人眼部、呼吸道患病率增加。酸雨还可使农作物大幅度减产，特别是小麦，在酸雨影响下，可减产 13% ~34%。大豆、蔬菜也容易受酸雨危害，导致蛋白质含量和产量下降。酸雨对森林和其他植物危害也较大，常使森林和其他植物叶子枯黄、病虫害加重。

中国对酸雨的控制主要表现在以下几个方面：首先是制定严格法律法规，控制酸雨污染是大气污染防治法律和政策的一个主要领域，它主要包括两方面的措施：一是直接管制措施，如建立空气质量、燃料质量和排放标准，实行排放许可证制度；二是经济刺激措施，如排污税费、产品税（包括燃料税）、排放交易和一些经济补助等。另外，使用低硫燃料，改进燃烧装置。再就是控制汽车排气。还有就是安装除尘脱硫、脱氮设备，脱除烟气中的二氧化硫和一氧化氮。

5.3.6 核冬天

所谓“核冬天”，指的是核战争爆炸掀起的尘埃和继之而来的熊熊大火产生的浓烟，将阳光遮断。由于烟云遮盖，天昏地暗，地球上几乎没有白天，因而温度急剧下降，即使在夏天，也将变得和冬天一样寒冷，甚至比冬天更加寒冷。江河湖泊因寒冷而冰封，植物因停止光合作用而枯萎，“核冬天”将使农作物颗粒无收或无法食用。

核战争的另一严重后果是破坏了臭氧层，紫外线侵袭地面，生命系统将受到严重杀伤。目前科学家还很难预测像“核冬天”的气候性灾难给生物造成的全部后果。可以推测，大规模核战争后生物圈有可能保留下来，等到大气恢复正常，生态系统也将慢慢复活，但可能发生剧烈的改变。

气候未来究竟如何变化，谁在驱动气候变化，全球气候剧变与人类生存究竟有什么关系，怎样保卫我们美丽的地球家园等诸多气候变化问题就摆在面前。

人类社会诞生于地球，成长于地球，在地球上创造了古代与现代辉煌的文明。人类最初接触到、感受到和需要认真适应的，主要是自然界里的风云变幻。人类历史包含着人类与大自然关系的历史，人类要想适应大自然，与大自然达到和谐，就要认识大自然的规律，从而取得人类自身的进步和发展。

史学家往往将古代文明称为“大河文明”，因为这一阶段的人类文明寄居地都与河流紧紧相连。即便是相对固定的农耕文明，也会随河道的变迁而转移，而游牧文明则从远古开始就逐水草而居并一直延续至今。研究远古文明的消亡，可以从中看到争夺生存空间的杀戮与血腥，吸取对大自然的贪婪掠夺和破坏的教训。

6 保卫美丽家园

在曾经的岁月里，从恐龙称霸到猛犸消失，从玛雅文化到吴哥遗迹，历史长河无数次湮没了星河灿烂的文明。究竟是什么改变了山河，又是什么悄悄地改变着地球的容颜？这里原因当然很复杂，但有一个重要原因不能忽视，就是气候。工业革命之前，地球气候变化主要受自然因素的驱动；工业革命之后，人类活动的影响逐渐明显，最近50年的气候变化主要是由人类活动引起的。

气候变化和人类安全的关系让全球瞩目。人类活动对气候变化的影响以及两者之间的联系，是20世纪70年代以来的热门话题。由于近百年来全球气候有变暖的趋势，同时科学家们又注意到人类向大气中排放的微量气体浓度明显增加，因此两者之间是否有因果联系等，已成为各国科学家、公众和政策制定者关注的问题。

气候变化和人类安全的关系，也以震撼的科幻情景搬上屏幕。暴雨引发的洪灾成为电影《水啸雾都》的震撼场景；《未来水世界》上演着全球变暖后世界变成汪洋；《后天》幻化着温暖升级的地球一天之内突然急剧降温，温室效应引发的灾难，使全球跌进冰河世纪——科幻电影里的灾难场景似乎就是地球明天的现实。由前美国副总统戈尔主演、获得第79届奥斯卡金像奖最佳纪录片《难以忽视的真相》，更是引起社会公众对气候变化的广泛关注。

气候学家主要利用气候模式对气候变化进行模拟和预测。气候学家预测，未来20年，在合理的排放范围内，全球气温将以每10年0.2℃的平均速度增长。如果不采取全球联合行动减排温室气体，到2100年，全球平均地表温度相对于1990年将上升1.4~5.8℃，政府间气候变化专业委员会（IPCC）第四次评估报告将这一升温值修正为1.1~6.4℃。

根据中国气候学家的预测，未来20~100年中国地表气温将明显增加，与2000年比较，2020年中国年平均气温将增加1.1~2.1℃，2030年增加1.5~2.8℃，2050年增加2.3~3.3℃。预计到2020年，全国平均年降水量将增加2%~3%，到2050年可能增加5%~7%。

6.1 现代气候变化问题

6.1.1 焦点的争论

关于气候变化的争论，多是源于人们对自然规律的认识不够，大自然奥妙无穷、纷繁复杂，要正确理解大自然内部的因果关系，比认识大自然的外在美更难。伽利略和牛顿发现惯性定理以前，亚里士多德的“没有力就没有运动”的说法，经历了长达1000多年的时间才被认为是科学的。没有爱因斯坦相对论的时候，牛顿体系和以太理论被认为是认识宇宙的科学。科学探索、研究、发现和争论，必将促进科学的发展，使人类正确认识地球气候变化。我们只有学习、研究和科学认识气候变化，才能明辨未来的气候变化趋势，平息现有的争议。

气候变化问题的争论由来已久，科学界有三种观点：变暖论、变冷论和怀疑论。20世纪70年代气候“变冷说”一度成为主流。1971年，丹斯加德等人根据格陵兰冰芯氧同位素谱分析，较早提出地球气候将进入冷周期。美国威斯康星大学环境研究所布赖森认为，地球正缓慢进入另一个大冰河期。一批欧美知名学者曾聚会于美国布朗大学，召开题为“当前的间冰期何时及如何结束”的研讨会。学者们举出实例证明，目前的地球气温已经在开始下降，从暖到冷的变化很快，如果人类不加以干涉，当前的暖期将会较快结束，可以预期不出几千年，也许只有几百年，全球冰期以及相应的环境变迁就会来临。这种“冰期将临”的观点一直持续了20年，当时的社会主流还要发起阻止气候继续变冷的行动。

那时只有少数科学家坚持“全球变暖论”，其中就有中国著名的气象学家竺可桢先生，他用中国历史上的气候变化事实驳斥了当时盛行的“全球变冷说”。他指出，温度出现1℃上下的变动在过去5000年中极为普通，算不上地球变冷的证据。他还用红笔在这段话前面写下“杞人忧天”四个字为标题，显示了科学大师把握气候变化的自信和超凡智慧。直到20世纪80年代以来，全球气候没有变冷反而迅速变暖的事实表明，竺可桢先生的预测是成功的。

1988年11月，世界气象组织和联合国环境规划署联合成立政府间气候变化专业委员会（IPCC）。从1990年起，IPCC先后4次发布评估报告，逐步确认了全球变暖的真实性、与人类活动的相关性及节能减排的必要性。IPCC评估报告的核心内容是：全球变暖是不争的事实，而且主要是由人类活动引起的，化石能源燃烧和毁林等导致大气中温室气体浓度大幅上升，从而引起全球气候变暖。全球变暖将会带来海平面上升、灾害天气增加、人类生存环境恶化等一系列后果，对可持续发展构成严重威胁。为减缓全球变暖进程，人类应该尽快大规模消减温室气体排放。由于有上千名各国科学家参与，IPCC评估报告有着很高的权威性，其观点不仅作为联合国相关谈判的主要理论依据，也被国际社会广泛认可，成为关于气候变化的主流观点。

事实上，IPCC评估报告预估未来变暖趋势的结论并没有被验证，直到2012年全球气温并没有超过最暖的1998年，20世纪前10年实际观测到的全球平均温度并没有按照IPCC预期的上升0.2℃，气温也没有按照预估的趋势攀升。

一些科学家、学者对于IPCC的结论，以及温室效应与全球变暖理论持保留甚至持怀疑和反对的态度，他们相继在学术刊物上发表文章，针对全球变暖在科学上的不确定性，对其主流观点进行反驳。2007年，气候变化怀疑论者针对IPCC正式成立了一个NIPCC组织，也就是“非政府IPCC”，并推出题为《重新思考气候变化》的报告，提出了诸多与IPCC报告不同的观点。

综合起来，这些观点主要包括：一是质疑全球变暖现象的真实性，认为全球变暖趋势已经停止，或者认为全球气候正在变冷。还有观点认为，全球气候变暖的程度微不足道，气候一直在变暖和降温间反复，全球气候是否异常变暖尚无定论。二是太阳活动周期等是气候变化的主要原因，人类活动对全球变暖影响有限。许多科学家认为世界气候一直处于不稳定状态，受太阳黑子周期性活动的影响，地球气候也形成了一个不规则的气候变化周期。三是全球变暖的后果并不可怕，甚至可能对人类是一个福音。四是当前解决气候变化问题的思路有误，人类无力逆转气候变暖趋势。一部分怀疑论者承认全球变暖问题的真实性和严重性，但认为当前国际谈判和温室气体减排等措施无力扭转全球变暖趋势。

关于气候变化问题，中国的科学家在气候变化领域开展了很多研究工作，许多方面不仅在国内，而且在国际上也占有一席之地。2011 年 11 月，中国科学技术部、中国气象局、中国科学院等 12 个部门组织编制和发布了《第二次气候变化国家评估报告》。

评估报告给出未来可能的变化：利用多个气候系统模式集合平均，预计到 21 世纪末，中国年平均温度在低排放、中排放、高排放情境下，将比 1980 ~ 1999 年平均分别增加约 2. 5℃、3. 8℃和 4. 6℃。比全球平均温度增幅大。中排放情境下，全国年平均降水有所增加，中心位于青藏高原南部及云贵高原，以及长江中下游地区。但上述降水变化趋势并非全年一致。夏季降水在除塔里木盆地西部等个别地区外，都表现为一致的增加趋势，而冬季青藏高原南部和华南部分地区降水减少，其他地区降水增多。中国海平面将继续上升，到 2030 年，全海域海平面上升将达到 80 ~ 120 毫米。21 世纪末，中国大部分地区的降雪日数将减少，青藏高原东部、南部是减少最大的地区，达 50 天。积雪日数大于 60 天的区域面积将减少 10% 左右。年平均积雪量的变化与积雪日数的变化总体上表现一致，但存在区域差别。

6. 1. 2 气候变化

气候变化是指气候平均状态随时间的变化，即气候平均状态和离差两者中的一个或两个一起出现了统计意义上显著的变化。离差就是距离平均状态的程度，离差值越大，表明气候变化的幅度越大，气候状态不稳定性增加，气候变化敏感性也增大。气候变化的指标要素是降水和气温。下面以温度为例，由温度变化引起的气候示意图（图中横坐标表示温度，纵坐标表示出现概率，引自 IPCC2001）说明气候变化与平均值或离差值变化的关系。

先介绍一下概率统计上的正态分布，这是自然界最常见的一种概率分布，由平均值和方差决定。方差就是与平均值差值平方的均值。正态分布关于平均值对称，平均值处分布密度最大，距离平均值越远，分布密度越小，画出来的分布曲线形状很像一个对称的山体。假定某一地区的温度多年平均条件下呈正态分布，

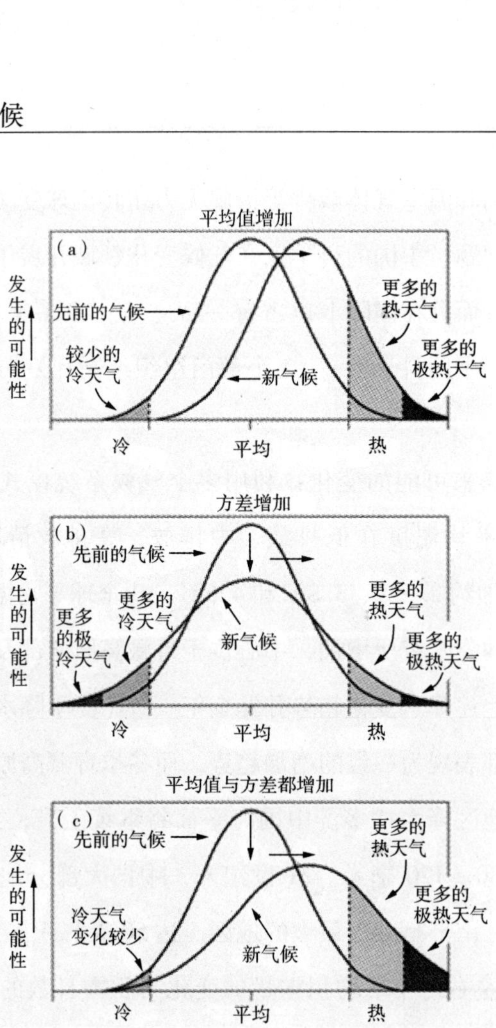

气温变化引起的气候变化示意图

则该地区的天气在平均温度处出现的可能性最大，偏冷和偏热天气出现的可能性较小，极冷或极热的天气出现的可能性很小或没有。

假如由于气候变暖的作用，平均值增加了某一数值，图中水平箭头向右移动，这时偏热天气出现的概率将明显增加，并且原来从不出现的极热天气也可以出现［图（a）中的最右端标明的天气，现在也具有一定的概率值，虽然很小］。相反，偏冷天气出现的概率将大大减少。图（b）则说明平均值不变，但离差增加后，会造成更多的偏冷或偏热天气，出现更多的极热或极冷天气。图（c）则说明平均值和离差都增加后，可以看到这几类天气的出现概率都比先前气候条件下的出现概率增大了。这也说明温度的总体升高或降低是气候变化，温度的忽高忽低也是气候变化，后者表示气候状态的不稳定性增加。

人类对气候和气候系统的认识有一个过程，20 世纪 50 年代之前，经典气候

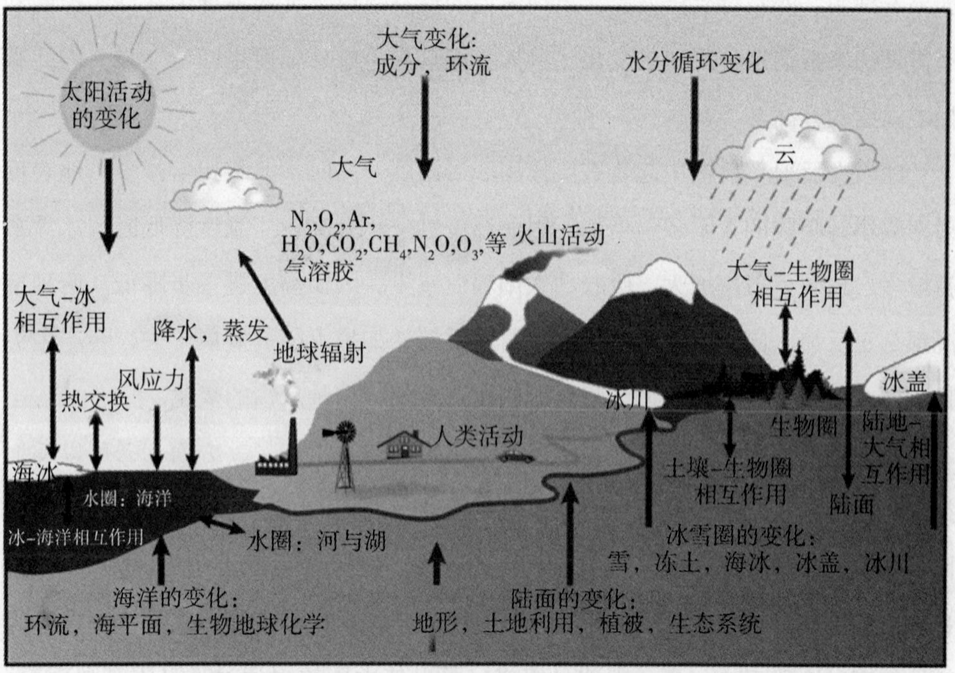

气候系统及其圈层间相互作用过程概略示意图

概念被看作表征地球大气的一些基本要素的平均值，一般认为30年的平均值就可以表征气候的基本特征，并且认为这些平均值是基本稳定的。随着科学的发展和气候资料的增加，经典的气候概念受到挑战：一方面30年气候平均值是变化的、不稳定的，说明气候变化在时空上是多尺度的；另一方面人们认识到气候变化与海洋、陆地、冰雪和人类活动相互影响，时空上具有全球的特点，并与区域性的气候变化相互影响，形成了气候系统的概念。1974年世界气象组织和国际科学联盟理事会联合召开的国际讨论会提出气候系统的概念，指出气候系统是能够决定气候形成及其变化的各种因子的统一体，包括大气圈、水圈、冰雪圈、岩石圈（陆地表面）和生物圈。因此，我们可以认为气候变化是气候系统的总体行为，既有大气内部过程对气候变化的影响，还有海洋、冰雪、地表以及生物过程对气候变化的相互作用。

水汽在温室效应反馈中起着重要的作用。大气中的水汽作为温室气体之一有效地保持了地球表面的温度，如果气候缓慢变暖，会使更多的水汽从海洋和陆面上蒸发出来，从而增强了温室效应，使气温增加更多，因此水汽反馈是正反馈。

如果不抑制，海水将会蒸发完，出现失控的温室效应。气候系统中有许多抑制和平衡办法来抵消这种反馈的变化。例如温度升高，红外辐射也随着增强，因此减慢了温度的升高。

冰雪在反射率反馈中起着重要作用。当温度升高时，冰雪覆盖减少，地表反射率减小，吸收的太阳辐射增加，因而温度进一步升高；当温度降低时，冰雪覆盖增多，地表反射率增大，吸收的太阳辐射减少，因而温度进一步降低。两种情况都是正反馈。同样，温度降低的冰雪正反馈，如果无限制发展下去，会产生失控冰期。但其他机制可以调节降温的幅度，抵消了这种反馈的变化。

云在地面温度反馈中可能是正反馈，也可能是负反馈。一方面，云可以反射掉入射的部分太阳能，减少了地球系统可能获得的有效能量，使地球变冷，称为阳伞效应；另一方面，云具有温室气体的作用，既吸收地球下垫面的红外辐射，自身也放出红外辐射，从而减少了地气系统向空气损失的能量，这种作用被称为被毯效应。一般来讲，高云由冰晶组成，可以使太阳辐射通过，又因其温度低，向太空辐射的红外能量少，因而具有被毯效应，可使系统增温。低云由水滴组成，反射太阳辐射多，而且云顶相对较暖，向太空辐射很多从地球吸收的能量，因而常导致降温。例如，气候变暖时，地面温度升高，水蒸发增多，低云增多，反射增强，地面吸热减少，于是变暖减慢，此时云反馈是负反馈。研究表明，总体来说，目前云对我们星球有净的冷却效果。若无云，则大气会变暖。云量和云的结构等对气候变化的影响是复杂而敏感的，地面温度通过反馈作用使云的状态发生变化的机制，还未完全弄懂，仍然是继续探讨的问题之一。

海洋在二氧化碳反馈作用中对气候变化的影响存在着不确定性。如果气候变暖海水升温，将促使海上的浮游植物生长，并吸收大气中的二氧化碳，从而减少温室气体，减缓了气候变暖，这是负反馈。同时，因为海水升温，使得海水能容纳的二氧化碳含量减少，使得温室气体二氧化碳增多，又促进了气候变暖，这是正反馈。此外，海洋具有极大的热容量，可以通过有效地调节热量的收支和传输，减缓气候变暖。

气候系统的各圈层不是独立存在的，它们之间发生着明显的相互作用，决定着气候形成及其变化。气候系统的任何变化都会影响到人类的生存和发展，同时，人类活动通过诸如农牧业、工业生产及城市建设等活动，不断改变土地、水等的利用状况，改变地表的物理特性以及地表与大气之间热量与水分的交换，对气候产生影响。气候变化对人类有不利的影响，同时也有有利的影响。

造成气候变化的因子包括内部因子和外部因子。内部因子主要指气候系统内部各成员之间复杂的反馈作用，外部因子包括太阳辐射的变化、地球运动的变化、大陆漂移和火山活动和人类活动的影响等。2007 年，IPCC 发布的第四次评估报告指出，20 世纪中叶以来大部分的全球平均温度的升高很可能（大于 90%的可能性）是由于人类活动造成温室气体浓度增加所导致的，也就是说最近 50 年的气候变暖变化很可能主要是由于工业革命以来人类活动引起的。

6.2 面对全球变化

6.2.1 “全球变化” 概念的延伸和拓展

“全球变化”是近年来一个人人都耳熟能详的新名词，但“全球变化”的首次提出并不在自然科学领域。20 世纪 70 年代，国际社会科学团体使用“全球变化”一词主要用来表达人类社会、经济和政治系统愈来愈不稳定、特别是国际安全和生活质量降低这一特定意义。那时候，“全球变化”与气候变化等问题似乎并没有什么内在关系。

在随后的不长时间里，人类社会逐渐面临日趋严峻的资源、环境和发展等诸多问题的挑战。到了 20 世纪 80 年代，自然科学家便借用并拓展了“全球变化”的概念，将原先的定义延伸至全球环境，也就是将地球的大气圈、水圈、生物圈和岩石圈的变化纳入了“全球变化”的范畴，并突出地强调环境系统及其变化。由于人类与地球环境的关系密不可分，因此，“地球环境系统”一词也就涵盖了相关的人类社会和经济的内容。

现在，全球变化已经成了一个专门的学科，为世界各国政府和社会公众所关注的规模最大的国际科学活动。全球变化研究的科学目标是：描述和理解人类赖以生存的地球系统运转的机制、变化规律以及人类活动对地球环境的影响，从而提高对未来环境变化的预测能力，为全球环境问题的宏观决策提供科学依据。

全球变化研究既涉及全球变暖、臭氧空洞、森林砍伐和生物多样性锐减等全球性问题，也包括区域性酸雨、污染物质远距离输送、热带雨林锐减、海岸带退缩、海水入侵、湖泊萎缩和沙漠扩展等区域性问题。其中，全球气候变化则是包含于全球变化之中的相对重要的问题。

我们赖以生存的地球是一个极其复杂的系统，而气候系统是构成这个地球系统的重要一环。在漫长的地球历史中，气候始终处于不断的变化中。气候变化的原因，可概括为自然的气候波动与人类活动影响两大类。前者包括太阳辐射的变化、地壳的运动等，后者包括人类燃烧矿物燃料以及毁林引起的大气中温室气体浓度的增加、硫化物气溶胶浓度的变化、陆面覆盖和土地利用的变化等。

在气候系统的自然变化中，最重要的方面是大气与海洋环流的变化，这种变化有时还可能伴随着陆面的变化。在年际时间尺度上，厄尔尼诺、南方涛动（ENSO）和北大西洋涛动（NAO）是大气与海洋环流的重要例子，它们的变化影响着大范围甚至半球或全球尺度的天气与气候变化。

不同时间尺度上气候变化的原因是不一样的。从千年或万年以上时间尺度来看，地球轨道参数是主要的影响因子；在百年至千年的时间尺度上，则主要受太阳活动强度变化影响；在年代际及年际变化上，气候系统的内部震荡（海陆气相互作用）发挥着相当重要的作用；在工业革命之前，地球气候变化主要受自然因素的驱动；工业革命之后，人类活动的影响逐渐增加，近50年的气候变化主要是由人类活动引起的。

气候变化既有正面影响，也有负面影响，而后者则尤其受到关注，因为它会严重影响地球自然生态和人类生活，甚至给人类的生存带来危机。于是，气候变化就不再单单是一个科学问题、环境问题，而且上升为能源问题、经济问题和政治问题。

6.2.2 温室气体与温室效应

谈到气候变暖，温室效应是个绕不开的话题。温室效应不是一个新名词，早在1896年，瑞典科学家斯万特·阿尔赫尼斯就预言燃料释放二氧化碳将导致气候变暖，并首创“温室效应”一词。我们不能不佩服斯万特的前瞻性，因为工业革命以来，人类用自己的聪明大脑创造的经济腾飞，其负面影响正按照科学家的预言亦步亦趋。

“温室效应”这个词其实用得实在风趣也实在恰如其分。“温室”当然是用玻璃建成的，这种用玻璃建成的房子，其光学上的最大的特点就是能透过短波辐射，吸收长波辐射。太阳光主要是短波辐射，而地球上绝大多数物体向外释放的却都是长波辐射。短波辐射可以透过玻璃照入室内，而室内的物体向外释放的长波辐射却被玻璃所阻挡，于是玻璃就起到了透光、保暖的作用。

使用类似玻璃、可以透过短波辐射、阻挡长波辐射特性的材料制造的农田蔬菜大棚和花卉基地的温棚，就充分利用了“温室效应”的原理。由于玻璃具备这种奇特的性能，所以长期以来就被人们所推崇，认为玻璃的发明其重要程度不亚于四大发明。

温室气体通常是指大气中那些让太阳短波辐射自由通过，同时强烈吸收地面和空气放出的长波辐射，对地表有一种遮挡作用的气体。这些气体的性质和温室表面的玻璃或塑料薄膜相似，给地球近地层带来“温室效应”，因此被称为“温室气体”。1827 年，大气中温室气体的增暖效应，首先由一位法国科学家发现，并指出了大气中和温室玻璃内情况的相似性，这就是温室效应名称的由来。温室气体造成的增温效应与全球变暖关系密切，其原理和自然温室效应相同。全球变暖会对气候带、水资源、生态系统、海平面的上升、自然灾害的增加、农业和人体健康有重要的影响。防止温室气体最主要、最基本的对策是加强国际合作，减少温室气体的排放。温室气体主要有二氧化碳（CO_2）、臭氧（O_3）、甲烷（CH_4）、一氧化二氮（N_2O）、氟氯烃化合物（CFC）等。

在没有人类活动影响时，大气中二氧化碳的主要来源是海洋和地幔以及大气中的化学反应，主要去向是陆地植物。与人类活动有关的大气二氧化碳主要来源是化石燃料燃烧，工业生产，人和动物的呼吸，陆地植被的破坏及生物体燃烧等。其中最为主要的是化石燃料的燃烧，还有土地利用（森林砍伐和草地变成耕地）造成二氧化碳净排放量。人类活动已经对二氧化碳的来源和去向产生了越来越明显的影响。由于大量二氧化碳被排放，其吸收问题也日益受到关注，其中植物的光合作用和海洋的吸收是最主要的去向。

大气中甲烷的增加，一般认为主要是人类活动使其来源增加造成的，但也不能排除大气污染造成的去向减少。大气甲烷的主要来源是生物圈，生物活动产生甲烷的过程非常复杂，包括厌氧微生物作用下的有机物分解，产甲烷细菌作用下的氢气和二氧化碳反应，乙醛的分解。任何使地表生态系统的局地环境缺氧或使其温度发生变化的人类活动都可能使大气甲烷的生物来源发生变化，造成甲烷浓度变化。与人类有关的大气甲烷的生物来源主要是水稻田和食草家畜，大气甲烷的非生物来源主要是生物体的各种燃烧过程和石油天然气以及煤矿的排放。

大气中一氧化氮的主要来源是土壤释放，其次是各种燃烧过程。大量化肥施用也成为一类新的一氧化氮释放来源。一氧化氮最主要的去向是大气中的光化学分解。陆地水体和土壤有可能吸收一氧化氮，但目前对此尚无定量认识。

工业革命以来，人类向大气中排放的二氧化碳等吸热性强的温室气体逐年增加，大气的温室效应也随之增强，已经引起了全球气候变暖等一系列问题。最可怕的是二氧化碳，它虽然在空气中的含量仅有0.03%，但由于人类活动（如石油、煤炭等燃烧）的影响，近年来在空气中的含量猛增，浓度已由工业化前的280ppm增加到了现在的387ppm（注：$1ppm = 10^{-6}$，下同）。二氧化碳的生命期很长，一旦排放到大其中，最久可存在200年左右。目前大气中二氧化碳的浓度已经达到了危险的界限，如果让它恢复到100年前的280ppm，不但需要新释放的二氧化碳被完全吸收，而且还需要种植至少650多万平方千米的吸收能力比较强的植物，再用10年的时间来吸收才可能实现。650多万平方千米是什么概念呢？就是相当于4个新疆或者5.5个西藏的面积。由于二氧化碳是温室气体中的主要气体，因此便把温室气体排放简称为“碳排放”。

6.2.3 气候变化的事实

《第二次气候变化国家评估报告》指出，百年尺度上，中国的升温趋势与全球基本一致。1951～2009年，中国陆地表面平均温度上升1.38℃。1950年代以来，中国降水无明显的趋势性变化，但是存在20～30年尺度的年代际震荡。1960年代以来，东亚夏季阻塞高压有增强的趋势，副热带高压与南亚高压也有增强，冬、夏季风则均减弱。1950年代以来中国地面总辐射量减少。

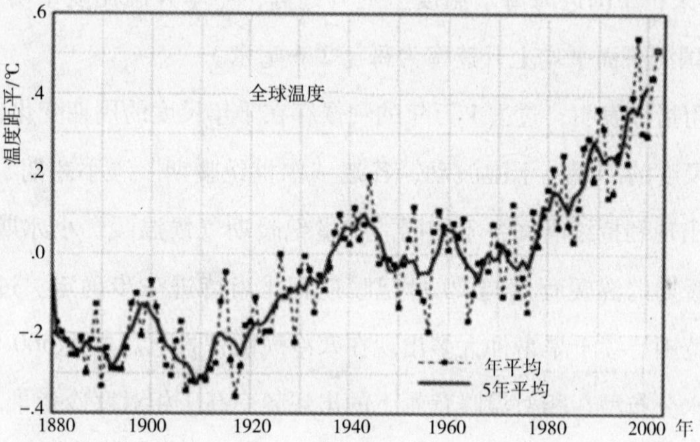

过去百年全球平均气温的变化（引自IPCC2001）

1951年以来，中国的高温、低温、强降水、干旱、台风、大雾、沙尘暴等极端天气气候事件的频率和强度存在变化趋势，并有区域差异。强降水事件在长江中下游、东南和西部地区有所增多、增强，全国范围小雨范围有所减少。全国气象干旱面积呈增加趋势，其中华北和东北地区较为明显。冷夜、冷昼和寒潮、霜冻日数减少，暖夜、暖昼日数增多，登陆台风频数下降，带来的降水量明显减少。全国大雾日数略减，东部霾日明显增加。北方地区沙尘暴频率总体显著减少。

自1950年以来，中国大部分地区冰川面积缩小了10%以上，1990年以来退缩加速，已导致干旱区内陆河流的径流显著增加，但也存在冰湖溃决等灾害的潜在风险。多年冻土的面积减小、温度升高，活动层厚度增加。青藏高原由于多年冻土退化，每年释放的水量估计达50亿~110亿立方米。20世纪后半叶以来，青藏高原积雪深度明显增加，但20世纪以来大幅减少，新疆北部最大积雪深度显著增加，东北-内蒙古地区积雪深度虽无明显变化，但20世纪90年代波动加大。1950年以来，渤海和黄海北部海冰、北方河流和湖泊结冰日数和冰的厚度均呈减小趋势。

蒸发皿观测到中国大部分地区年蒸发量呈减少趋势，西北地区最为显著。1968年后，华南沿海和北方夏季径流减少，长江流域夏季径流增加。松花江、辽河、海河和黄河流域的年径流量明显减少，长江、海河、黄河流域湖泊湿地萎缩。近30年来，中国近海海水温度呈上升趋势，冬季升温比夏季明显。1977~2009年，中国海平面平均上升速率为每年2.6毫米。

气候代用指标表明，过去1万年的气候存在千年尺度的周期变化，过去2000年存在百年尺度的冷暖、干湿波动，各地“中世纪暖期”“小冰期”和“20世纪暖期”的出现和持续时间各不相同。中世纪暖期气候温暖、小冰期气候寒冷，但是中世纪暖期的温暖程度与20世纪暖期相比尚待进一步确定。过去1000年间，中国大范围持续干旱事件大多出现在寒冷气候背景下。过去500年，中国北方多雨的降水分布型在相对温暖背景下的出现频率高于相对寒冷背景。

6.2.4 气候变化的原因

气候变化的原因可以分为自然因子和人为因子两大类。自然因子主要包括火山活动、太阳变化，以及气候系统内部因子的变化等。人为因子主要包括人类为了改变生存条件所进行的各类活动。中国气候变化是全球与区域尺度、自然因子和人为因子共同作用的结果。

自1750年工业革命以来，化石燃料消费及其他人类活动导致地球大气中CO_2、CH_4、N_2O以及含氯氟烃等温室气体和大气气溶胶浓度迅速增加。2008年，中国大气本地站观测到的大气CO_2年均浓度已达386.1~393.8ppm；1997~2007年，瓦里关全球本地站大气CO_2浓度年均增长率约每年2.0ppm，大气甲烷、氧化亚氮、六氟化硫浓度也呈上升趋势。2007年，上甸子观测到的CFC-11、CFC

-12 和 HCFC-22 等温室气体年均浓度与国外本底站相当。与北美和欧洲一些地区一样，中国对流层臭氧属于北半球高值区。中国大气气溶胶散射效应较强，区域混合气溶胶的浓度相对不高，多种气溶胶综合的气候“冷却”效应明显，对大尺度环流的影响与国际上的前期研究结果明显不同。

人类活动也可以通过改变地标特征而影响气候。1980 年以来，中国陆地生物圈显示出碳汇的作用。

辐射强迫是气候变化的驱动力，对 1759 年工业革命以来上述因子所产生的全球气候变化辐射强迫的最新估计是：长寿命温室气体（包括 CO_2、CH_4、N_2O 和卤代烃）为 +2.63［±0.26］瓦/米^2；平流层和对流层臭氧分别为 -0.05［±0.1］瓦/米^2、+0.35［-0.1，+0.3］瓦/米^2；大气气溶胶（包括硫酸盐、有机碳、石墨碳、沙尘和海盐）的总直接辐射强迫为 -2.03 瓦/米^2，人为气溶胶（包括硫酸盐、有机碳和石墨碳）的直接效应为 -0.23 瓦/米^2。间接辐射强迫（包括云反射率效应和云生命期效应）为 -1.93 瓦/米^2。由土地利用及沉积在雪面上的黑碳气溶胶引起地表反照率变化而产生的辐射强迫分别为 -0.20［±0.20］瓦/米^2 和 +0.10［±0.10］瓦/米^2。

火山喷发具有复杂的气候效应。据统计，其全球辐射强迫大约是 -0.2 瓦/米^2，北半球平均为 -0.3 瓦/米^2，略小于人为气溶胶产生的辐射强迫。但是，即使是一次很强的的火山活动对地面温度的影响也不超过几年，故难于估计其长期气候效应；自工业革命以来，太阳变化所产生的气候变化辐射强迫为 +0.12［-0.06，+0.18］瓦/米^2；地热可以归类于自然强迫因子。现有资料显示，海洋和陆地的地热流分别是 0.101 瓦/米^2 和 0.065 瓦/米^2，海陆面积加权的全球平均值为 0.087 瓦/米^2，相当于人为强迫因子的 1/20 左右。

气候系统内部各圈层的相互作用造成气候变化，其中海洋与大气相互作用的年际及年代际时间尺度上，如厄尔尼诺、南方涛动、太平洋年代际振动，以及温盐环流和经向翻转环流等对全球和中国气候变化都有明显影响。特别是可能与全球温度变化存在一定的联系。例如厄尔尼诺与拉尼娜现象对全球温度在年代际尺度上可能造成 0.1～0.3℃的影响。

但是，20 世纪后 50 年的气候变化几乎不可能用自然原因和气候系统内部因子的变率来解释，人类活动产生的外强迫很可能是造成气候变暖的主要原因。特别值得注意的一个问题是，在研究气候变化的归因时，必须分清时间尺度。地球气候可以在年际、年代际、百年、千年、万年、几十万年、百万年，甚至千万年到亿年的时间尺度上发生变化，而造成有关变化的驱动力（强迫）在不同的时间尺度上可能是很不相同的。

6.2.5 气候变化的影响

（1）气候变化对各领域的影响

气候变化对中国农业的影响利弊共存，以弊为主，东北水稻种植面积由于气候变暖扩展明显，冬小麦的种植北界少量北移西扩，由于增温小麦蓄水量加大、冬春抗寒力下降；气候变化导致病虫害种类和世代增加、危害范围扩大、经济损失加重；气候变化造成化肥、农药等投入加大，农业生产成本增大。极端天气气候事件增多，如华北持续干旱、南方干旱、极端高温和极端低温等对农业危害均呈加重态势。

全球气候变化对中国水资源的时空分布产生了一定的影响，在全球受暖背景下，区域性洪涝干旱灾害有增多增强趋势；中国主要江河流域降水、水面蒸发及实测径流量发生了不同程度的变化，总体上，海河、黄河、辽河等北方河流的实测径流量减少较为明显。

气候变化对中国的生态系统与生物多样性产生了可以辨识的影响，冻土变化对生态影响显著，导致长江、黄河源区以及内陆河山区生态系统退化。树种分布变化、林线上升、物候期变化、生产力和碳吸收增加、林火和病虫害加剧等；草地退化加剧、草地物候期变化、草地生产力随降水变化而有地域差异；内陆湿地面积萎缩，功能下降；气候变化加重荒漠生态系统的脆弱形式。气候变化还影响到动物、植物和为生物多样性、栖息地以及生态系统景观多样性、某些物种的退化、灭绝也与气候变化有关。

气候变化影响大洋环流和季风的变化，通过黑潮和东亚季风的变化影响中国近海和海岸带环境。1989～2009 年，中国近海海水温度明显升高，平均升高 0.6℃，海平面持续上升，平均上升 5 厘米，近岸海域赤潮灾害加剧、珊瑚礁和红树林生态系统退化、生物多样性减少等；风暴潮的发生频率、强度和灾害增加，海岸侵蚀和咸潮入侵等海岸带灾害加重，并显著影响沿岸湿地生态系统。

中国风暴潮发生的次数无明显增多，但强度有加强的趋势；中国海极值波高在北部区域有减小趋势，南部有增大趋势。近几十年来，近海各种生态灾害频频出现。

气候变化在中国所引起的高温热浪等极端天气事件频发，不仅影响人体健康，同时也会使传染疾病的患病风险增加。

（2）气候变化对区域的影响

中国地域辽阔，气候多样，不同区域的地理环境、气候特征、经济发展水平等差异显著，气候变化对各区域的影响也有所不同，生态环境越脆弱的地区，受气候变化的影响越显著。

华北地区：近 50 年年均气温呈明显上升趋势，增温率为每 10 年 0.22℃，降水逐年减少，气候暖干化明显，加剧了水资源紧张态势，引起浅层地下水位不断下降。气候变暖导致热量增加，从而影响该地区的农业产量及布局。

东北地区：近 50 年年均气温上升率为每 10 年 0.3℃，降水量呈略减少趋势，减少速率为每 10 年 15 毫米，降水减少，蒸发增加引起东北西部特别是吉林省中西部地区干旱趋势加重，土地向沙漠化和盐渍化发展，而农作物由于积温增加、种植面积扩大，粮食生产由于受降水影响而波动增大。

华东地区：1961 ~ 2005 年平均气温上升率为每 10 年 0.21℃，降水量没有明显的变化趋势，气候变暖常伴随热浪发生频率及强度的增加，导致人体心血管、脑血管及呼吸系统等疾病的发病率和病死率增加。夏季持续高温导致用电量不断增长，高温期间（日最高温度大于 35℃）上海地区日最高温度每增加 1℃，日用电量增加 367 万千瓦时，严重影响区域能源安全。20 世纪 80 年代以来，洪涝灾害日趋加重，发生频率逐渐增加。

华中地区：1961 ~ 2005 年平均气温上升率为每 10 年 0.12℃，降水量变化趋势不明显，但降水量的时空分布变化明显。气候变化引起该地区洪涝灾害加剧，湿地面积不断减少，气候变化还是因该地区适宜于钉螺和血吸虫生长的时期在过去几十年中有不同程度的延长，血吸虫病暴发概率增大。

华南地区：近50年年均气温上升率为每10年0.16℃，而年平均降水没有明显变化，气候变化使得登陆华南热带气旋个数减少，强度增大，登陆时间偏早，移动路径复杂。南海海平面加速上升，1993~2006年，南海海平面平均上升速率为每年3.9毫米。气候变化特别是长期的人类活动还引起华南地区红树林和珊瑚礁生态系统严重退化。气候变化伴随大规模城市化叠加作用，使得珠三角城市群灾害加剧，用水安全风险加大。

西南地区：29世纪40年代，川西高原、云贵高原的增温趋势明显，而四川盆地气温存在明显的下降趋势，降水表现为降水日数的逐渐减少。气候变化引起干旱、洪涝灾害频次增多，程度加重，山地灾害呈现出点多、面广、规模大、成灾快、暴发频率高、持续时间长等特点，该地区山地灾害占全国同类灾害的30%~40%以上。气候变化加剧了西南地区生物多样性减少、生态系统退化、岩溶地区石漠化。

西北地区：近50年区域年平均增温率达每10年0.37℃，降水量变化的时空分布不均。气候变化对西北地区的水资源造成严重影响，约82%的冰川处于退缩状态。地下水资源总体呈减少趋势，一些地区土地沙化问题突出。气候变暖还影响西北地区农牧业发展，近50年的气候变暖虽然使绿洲灌溉区农作物产量提高了10%~20%，但使雨养农业区作物产量减少了10%~20%。

青藏地区：20世纪80年代，青藏高原冬春积雪日数增多，而90年代呈减少趋势。念青唐古拉峰地区的冰川近期也出现了较大变化，喜马拉雅山脉西段的纳木那尼冰川正在强烈萎缩，冰川末端在1976~2006年平均退缩速度为每年5米左右，2004~2006年退缩速度达到每年7.8米，表现出近期加速后退态势。随着气温的升高，多年冻土化显著。高原牧区气候变暖，加剧草地水分的散失，牧草生长发育受阻，产草量下降，优良牧草比例下降，杂类草的比例上升。

6.3 应对全球变化

6.3.1 应对气候变化实验

为了应对未来气候变化，美国于20世纪90年代在其西南部的亚利桑那州的沙漠中建造了实验基地“生物圈2号”。

“生物圈2号”（Biosphere 2）是把地球本身称作“生物圈1号”而得名，由美国前橄榄球运动员约翰·艾伦发起，并与几家财团联手出资，委托空间生物圈风险投资公司承建，历时8年，耗资1.5亿美元。

“生物圈2号”计划设计在密闭状态下进行生态与环境研究，帮助人类了解地球如何运作，并研究在仿真地球生态环境的条件下，人类是否适合生存的问题。为了尽量贴近自然环境，该圈中的土壤、草皮、海水、淡水均取自外界的不同地理区间，通过一定的人工处理再利用。例如，实验用的海水是将运进来的海水和淡水按照适当比例配制而成的。

“生物圈2号”占地1.28公顷。地上部分为涂有粉剂的立体钢架构型，配有双层玻璃窗板；地面部分为焊接不锈钢板，并用钢垫密封。总体积约为180000立方米。其内部主要由7种生态群落区和两个大气扩张室（也称作“肺”）组成。此外，还设有能量中心和冷却塔等设施。

与地球生物圈类同，生物圈2号在物质上闭环，通过工程手段禁止它与外界大气和地下土壤进行物质变换。在能量上开环，允许太阳光通过玻璃结构供植物进行光合作用，同时引入电能供技术系统操作运转。在信息上也同样开环，通过计算机系统、电话、摄像、电视与外界进行数据信息交换，并通过电视可以与外界工作人员及亲属进行面对面交谈，还可放映电影和收看商业电视节目。电能及热控能源从外界通过气密装置输送进来，当进行能量转移时，不允许内外流体进行任何形式的交换或混合。

生物圈2号有5个野生生物群落（热带雨林、热带草原、海洋、沼泽、沙漠）和两个人工生物群落（集约农业区和居住区）。它们以地球北回归线和南回归线间的生态系统为样板，分别由美英生物和生态学家设计而成。

圈内共有约4000个物种，其中动物（包括软体、节肢、昆虫、鱼类、两栖、爬行、鸟类 、哺乳等）、植物（包括浮游、苔藓、蕨类、裸子和被子等）约3000种，微生物（包括细菌、黏菌、真菌、微藻等）约1000种，它们分别来自澳大利亚、非洲、南美、北美等地。

野生生物群落中生存环境并不一致，该系统内既有高大的树木（如红树），也有矮小的灌木草丛植物，错落有致、恬静秀美。此外，还有海洋、海滩、浅咸水湖、珊瑚礁和海水等。生物群落间均有相对独立的生态区将它们互相隔开，例如热带草原和沙漠被一簇灌木丛隔离。为了保护各个群落不受环境胁迫，在其周围种植了耐性强的植物（例如热带雨林的周围是浓密的姜科植物），以保护内部树种免遭侧面强光照射，而与海洋的界面间种有竹子来抵御盐分渗入。

4男4女共8名科研人员于1991年9月26日首次进驻生物圈2号，1993年6月26日走出，停留共计21个月，在各自的研究领域内均积累了丰富的科学数据和实践经验。来自英国、墨西哥、尼泊尔、南斯拉夫和美国等5国的4男3女共7位实验人员在对首批结果进行评估并改进技术后，于1994年3月6日二次进驻，工作10个月后于1995年1月走出。他们在这期间对大气、水和废物循环利用及食物生产进行了广泛而系统的科学研究。

生物圈2号是世界上最大的闭式人工生态系统，它使人类首次能够在整体水平上研究生态学，从而开辟了了解目前地球生物圈全球范围生态变化过程的新途径。更为重要的是，它将作为首例永久性生物再生式生保系统的地面模拟装置，有可能应用于人类未来的外星球定居和宇宙载人探险。

生物圈2号的“神经系统”是一个完整的计算机数据采集和控制系统，它是从位于居住区的指挥室辐射出的微处理机网络系统。这一内部“神经系统”通过信息通路与外界附近的“飞行控制”楼内的计算中心相联通。该楼作为分析中心而成为生物圈1号和2号间获取分析数据及通讯的主要窗口。居住区内的指挥室通过遍布圈内的5000多个传感器（每15分钟记录一次并读入无限增长数据库），有效地控制所有主要的操作参数，如温度、湿度、光强、水流量、pH值、CO_2浓度、土壤湿度、仪器运作状态等，并能进行数据传感器及所有报警装置的状态显示。每件装置均有手动控制开关以防“神经系统”任何部位的失灵。尽管整个圈内为热带气候，但由于不同生物群落对冷暖的要求不同，因此，各自又有相对独立的温度。

由于生物圈2号位于海拔1200米的沙漠上，其外围大气压不是标准压力1013百帕，而仅约为882百帕，因此，其内压只能略高，即为882.4百帕。利用机械系统模拟地球自然环境，例如，制造海洋波浪、潮汐、溪流、瀑布以及按照季节要求控制风、雨、湿度等，并控制盐分梯度及营养循环速度和进行海水淡化。

最初，生物圈2号实验目的是研究人类及多种生物（植物和动物），在密封且与外界隔绝的人造系统中，是否可以经由系统内的空气、水、营养物的循环与重复使用下而能够健康、快乐地生存下来。

在1991~1993年的实验中，研究人员发现：生物圈2号的氧气与二氧化碳的大气组成比例，无法自行达到平衡；生物圈2号内的水泥建筑物影响到正常的碳循环；多数动植物无法正常生长或生殖，其灭绝的速度比预期得要快。经广泛讨论，确认“生物圈2号”实验失败，未达到原先设计者的预定目标。

这证明了在已知的科学技术条件下，人类离开了地球将难以永续生存。同时证明：目前地球仍是人类唯一能依赖与信赖的维生系统。

多年来，人类梦寐以求地憧憬着冲出地球，向宇宙进军。随着地球环境的恶化，这种愿望里似乎又加进了逃离的色彩，人们上下求索，加快了寻找“诺亚方舟”的步伐。地球环境是在经历了几十亿年的风风雨雨后形成的，对这种异常可靠的结构，人们渴望窥其脉络，望其项背，但却决不是简单的人工模仿再造能够完成的。

“生物圈2号”的失败告诫我们，人类在茫茫宇宙中只有地球这一处家园，逃离和束手待毙都是于事无补的。地球不是实验室，只有善待和保护她才是我们真正的出路。

6.3.2 人与自然和谐相处

人与自然和谐相处，就是生产发展、生活富裕、生态良好。生产发展是生活富裕的基础和前提，生活富裕是生产发展的动因和目标，生态良好是生产发展和生活富裕的保证和条件。人与自然和谐相处，绝不是要回复到过去人们在自然面前消极顺从、无所作为的状态，而是要充分发挥人的主观能动性，进一步解放和发展生产力，同时转变发展方式，尽可能减少对自然的破坏，实现生产发展、生活富裕、生态良好相统一。

首先要正确认识自然。现代科学技术的飞速发展大大增强了人类改造和利用自然的能力，但是人类对自然的认识还是相当有限的，因为在这个领域仍然有不少问题需要人们去探索。只有不断深化和拓展对自然的认识，发现和掌握客观规律，才能正确处理人与自然的关系。

其次要科学改造自然。人类为了生存和发展，必然要在一定范围内改造自然，但是这种改造有科学与不科学之分。以科学为指导，自觉遵循客观规律，就能科学地改造自然，在一定范围内使自然更好地满足人类的需要；相反，不注重科学，违反客观规律，盲目地改造自然，结果往往得不偿失，甚至适得其反。在一定的历史时期，由于科学技术水平和其他条件的限制，人们改造自然的活动难免存在一些未知领域，既需要大胆探索，又需要谨慎行事，力求减少盲目性。

再次是合理利用自然。应按照客观规律的要求，尽可能降低消耗，提高效率，减少破坏和污染；不合理利用自然则往往违反客观规律，消耗高、效率低、破坏大。在现实中不合理利用自然的现象并不鲜见。如一些矿山乱采滥挖，不注意安全生产；一些林区乱砍滥伐，不注意培育和养护森林；一些地方随意圈占土地，造成大量闲置和浪费，等等。在传统经济中，对资源的单一利用和一次性消耗，都带有一定的不合理性。因此，必须大力发展循环经济，尽可能实现资源循环利用、综合利用和安全清洁生产。

最后是有效保护自然。人们改造和利用自然难免造成一些破坏，即使是科学改造和合理利用自然，也无法做到零破坏。如果只是认识、改造和利用自然，一味地向自然索取，而不注意有效保护自然，那么自然便会不断受到破坏，生产力发展到一定水平就会停滞，甚至走向崩溃。所以就需要有效地保护自然，使破坏不超过自然可以承受的程度，并帮助自然尽快修复所遭到的人为破坏。保护自然实际上就是保护人类社会最基本的生产和生活条件，最终保护人类自身。要实现人与自然和谐相处，必须牢固树立保护也是发展的理念并认真付诸行动。

6.3.3 坚持可持续发展

地球人类社会的发展需要利用自然资源，而自然资源又是有限的。为了从根本上解决这一矛盾，必须在未来建立一种新经济方式。英国著名经济学家 K. E. 博尔丁提出两种经济模式，即“牧童经济”和“宇宙飞船经济”。并认为“牧童经济”将会被“宇宙飞船经济”所代替。

所谓“牧童经济”，是对牧童在草原上放牧时对牧草的漫不经心和随心所欲这一形象的借喻，意指传统经济模式轻视自然及其资源，无计划、无节制地任意开发，导致环境资源的浪费和破坏。

这种经济的主要特点就是大量地、迅速地消耗自然资源，把地球看成取之不尽的资源库进行无限度的索取，造成废物大量累积，使环境污染日益严重。其表现为追求高生产量（消耗自然资源）和高消费量（商品转化为污染物）。这种经济模式不能无限期地维持下去，否则会给人类长远利益带来灾难，它所造成的人类和环境的矛盾，最终可能导致人类自身的灭亡。

所谓“宇宙飞船经济”，是科学家在设计宇宙飞船时，非常珍惜飞船的空间和它所携带的装备及生活必需品，在飞船中，几乎没有废物，即使乘客的排泄物也经过处理、净化，变成乘客必需的氧气、水和盐回收，再给乘客使用。如此循环不已，构成一个宇宙飞船中的良性生态系统。

“宇宙飞船经济”也是根据这一生态系统的思想而提出的。它把地球看成一个巨大的宇宙飞船，除了能量要依靠太阳供给外，人类的一切物质需要靠完善的循环来得到满足。

事实上，地球上的生命生生不息的奥秘，就在于地球是一个自给自足的生态系统，它在太阳能的推动下，日复一日、年复一年地进行着物质的周期循环，不需要补给什么东西，也没有多余的废物，其中的一切各有用途。生命就是在这川流不息的物质循环中得以体现。

“宇宙飞船经济”就是把这一生态学观念应用于人类社会的经济模式，要求人类按照生态学原理建造一个自给自足的、不产生废物的因而也是合理利用自然资源的、不产生污染的经济或生产体系，它将是一种封闭式的经济体系，其内部具有极完善的物质循环和更新的性能。“宇宙飞船经济”要求人类改变将自己看成自然界的征服者和占有者的态度，把人和自然环境视为有机联系的系统，即人－自然系统，也就是一条“可持续发展之路”。随着“宇宙飞船经济”的推行，人们将逐步走出“牧童经济”的误区，经济建设与生态建设同步协调的美好图景一定会出现。人类作为“宇宙飞船”的驾驶员，只有珍惜地球上的一草一木，才能把地球驶向光辉灿烂的未来。

可持续发展是一种注重长远发展的经济增长模式，最初于 1972 年在斯德哥尔摩举行的联合国人类环境研讨会上正式讨论。1987 年，世界环境与发展委员会出版《我们共同的未来》报告，将可持续发展定义为：既能满足当代人的需要，又不对后代人满足其需要的能力构成危害的发展，才是科学发展观的基本要求之一。

可持续发展强调的是环境与经济的协调，追求的是人与自然的和谐，其核心思想就是经济的健康发展应该建立在生态持续能力、社会公正和人民积极参与自身发展决策的基础之上。其目标是不仅满足人类的各种需求，务使人尽其才，物尽其用，地尽其利，而且还要关注各种经济活动的生态合理性，保护生态资源，不对后代人的生存和发展构成威胁。可持续发展是指导人类走向绿色文明的重要指南，也是解决环境与发展问题的唯一出路。可持续发展主要包括社会可持续发展，生态可持续发展，经济可持续发展。

中共十八大明确提出了“五位一体”的建设，也就是经济建设、政治建设、文化建设、社会建设、生态文明建设，把生态摆上了议事日程，全面建成小康社会，是要以保护自然资源环境为基础的。中国是一个环境大国，解决好自己的发展与环境问题将是对世界最大的贡献之一。

6.4 世界气候计划与国际气候公约

6.4.1 世界气候计划

世界气候计划是世界气象组织发起和组织的一项全球性气候研究国际合作计划。为研究气候变化和人类活动，特别是经济活动的相互影响，世界气象组织在1979年第八次世界气象大会上，通过一项关于“世界气候计划”的决议，在1980~1983年实施。旨在研究合理利用气候资源的途径，预测气候变化和预防气候灾害，以保护气候环境和气候资源，并要求世界各国政府予以配合和支持。

世界气候计划包括4项子计划。

世界气候资料计划：统一对现有长年代器测资料的检验标准、收集和处理规格，对气象、海洋、水文、地球物理、生物、生态、社会、经济等方面资料的来源进行调查和建立参考系统，以向世界气候计划各项活动提供所需资料；推动气候监测工作，建立和改善观测站网，扩大和完善已有的世界气候站网，发展一个国际上公认的、协调的观测系统，使各成员都可获得表征当代世界气候状况和气候变化的各种资料，并充分利用这些资料。

世界气候知识应用计划：向从事拟订社会和经济发展计划、从事社会和经济事务管理及制定政策的单位和人员，宣传正确应用气候知识的意义，以便能够正确理解和使用各种气候资料和情报。

世界气候影响研究计划：研究在不同的自然环境、社会结构、经济体系条件下，气候变化对粮食、能源、水资源等方面的影响，以便采取相应的对策，保证人类正常生产和生活。

世界气候变化和变革的研究计划：简称世界气候研究计划（WCRP），由世界气象组织和国际科学联盟理事会，共同组成的联合科学委员会（JSC），制定和实施这项计划。此计划是4项子计划中最主要的一项，其总目标是研究气候能够预测到什么程度和人类活动对气候能影响到什么程度，主要研究内容包括气候模式、气候的可预报性、气候的敏感性、气候诊断、对气候资料的要求等。

6.4.2 国际气候公约

自20世纪70年代起，国际社会开始关注气候变化问题。全球变暖对人类的不利影响日益显现。面对全球变暖，任何一个国家都不可能独善其身，也没有哪个国家可以凭借一己之力予以应对。唯有国际合作、携手应对，才是解决气候变化问题的唯一可行选择。

1979年，第一次世界气候大会召开。会议制定的世界气候计划（WCP），揭开了全球气候变化研究的序幕。

1988年，世界气象组织和联合国环境规划署联合成立了政府间气候变化专门委员会（IPCC），其主要任务是对气候变化科学知识的现状，气候变化对社会、经济的潜在影响以及如何适应和减缓气候变化的可能对策进行评估。IPCC本身不做任何科学研究，而是检查每年出版的数以千计有关气候变化的论文，并每5年出版评估报告，总结气候变化的“现有知识”。例如，1990年、1995年、2001年和2007年，IPCC相继4次完成了评估报告，这些报告已成为国际社会认识和了解气候变化问题的主要科学依据。IPCC第五次评估报告将于2014年正式完成。

《第一次评估报告》于1990年发表，向人类警示了气温升高的危险。在这份报告的推动下，联合国环境与发展大会1992年通过了《联合国气候变化框架公约（UNFCCC）》（简称《气候公约》）。该《气候公约》是世界上第一个为全面控制二氧化碳等温室气体排放，以应对全球气候变暖给人类经济和社会带来不利影响的国际公约。该公约没有对个别缔约方规定具体需承担的义务，也未规定实施机制，从这个意义上说，该气候公约缺少法律上的约束力。

《第二次评估报告》于1995年发表，IPCC认为“证据清楚地表明人类对全球气候的影响”，并提交给了UNFCCC第二次缔约方大会，并为公约的《京都议定书》会议谈判做出了贡献。1997年，该气候公约第三次缔约方大会达成《京都议定书》，使温室气体减排成为发达国家的法律义务，为各国的二氧化碳排放量规定了标准，即在2008～2012年间，全球主要工业国家的工业二氧化碳排放量比1990年的排放量平均要低5.2%。

《第三次评估报告》于2001年发表，IPCC认为“有新的更强的证据表明人类活动与全球气候变暖有关，过去50年观察到的大部分变暖现象，可能要归因于人类活动造成的温室气体浓度上升（66%～90%的可能性）”。

《第四次评估报告》于2007年初发布，将国际社会对气候变化问题提升到了前所未有的程度。IPCC指出：全球气候变暖已经是毫无争议的事实，造成全球气候变暖的原因是人类排放温室气体造成的，而非自然活动造成，这种可能至少“有90%”。该评估也表明，未来几十年内，如不积极采取有效措施，全球温室气体排放将持续增加。这一报告为2007年底在印度尼西亚巴厘岛召开的联合国气候变化会议上形成的“巴厘路线图”提供了科学依据，确定了世界各国今后加强落实《联合国气候变化框架公约》的具体领域，强调加强国际长期合作，提升履行《气候公约》的行动，从而在全球范围内减少温室气体排放，以实现《气候公约》制定的目标。

尽管气候变化在科学上还存在许多不确定性，但IPCC第四次评估报告作为国际科学界和各国政府在气候变化科学认识方面形成的共识性文件，将成为国际社会应对气候变化的重要决策依据，有力地推动和促进了各国政府和公众对气候变化问题的认识和了解。

从1992年的《联合国气候变化框架公约（UNFCCC）》和1997年的《京都议定书》，2007年的“巴厘路线图”，到2009年的《哥本哈根协议》、2010年的“坎昆协议”和德班会议，尽管在温室气体减排义务分担等焦点问题上伴随着激烈的博弈和利益冲突，但共同应对气候变化带来的挑战已是世界各国的广泛共识。

6.5 中国正在应对气候变化

气候变化对世界的生态系统和经济社会已经产生并将继续产生重大影响，适应和减缓这种影响已成为当今国际上关注的焦点和国际环境外交斗争的热点。中国在国际气候变化谈判中面临着巨大压力，国际国内形势均对气候变化科学和政策研究提出了迫切需求。研究气候变化对中国经济社会发展的影响，研究各种履约机制以及如何通过履约推动中国经济社会的可持续发展，完善和检验中国气候系统模式，综合分析气候系统模式模拟的结果和相关气候变化历史资料，识别全球气候变化中自然与人为变化的分量，预估未来可能由人类活动引起的全球和区域气候变化，特别是加强中国未来气候变化情景的研究刻不容缓。

社会和谐有赖于人与自然的和谐，自然界向人类提供的生产、生活资料和舒适的生活、休闲空间，在特定的历史阶段只能是一定的。人类需求的增长必须与自然界所能提供的各类资源相适应，人类的生产和消费不能以牺牲环境和资源为代价。无限制的掠夺自然，会造成资源的枯竭，森林的破坏和减少，土地的退化、沙漠化和沙漠化，水资源的减少和污染，最终导致人类生产和生活环境的恶化。这不仅实现不了发展的目标，还会使地球变得不再适合人类生存，人与人、人与社会的和谐也就无从谈起，更谈不上构建社会主义和谐社会。

中国经济社会发展与资源环境之间的矛盾比较突出，如果不能有效地保护生态环境，不但不能实现经济社会的可持续发展，还可能引发严重的经济社会问题。走人与自然和谐相处之路，保护和改善生态环境，提高资源利用效率，这是我们总结历史经验、重新审视人与自然关系之后做出的理性选择，以保证人类社会系统和自然生态系统的协调发展与和谐共处。近百年来，全球气候正经历一次以变暖为主要特征的显著变化，其引发的极端天气气候事件呈上升趋势，对经济、社会、生态、环境等方面产生重大影响，并构成严重威胁，将给中国经济社会的可持续发展带来持久和难以逆转的影响。

6.5.1 首次发布《气候变化国家评估报告》

2006年12月26日中国科技部、中国气象局和中国科学院等在京联合召开《气候变化国家评估报告》新闻发布会。发布《气候变化国家评估报告》在中国尚属首次。

报告共分三个部分：气候变化的历史和未来趋势、气候变化的影响与适应和气候变化的社会经济评价。该报告系统总结了中国在气候变化方面的科学研究成果，全面评估了在全球气候变化背景下中国近百年来的气候变化观测事实及其影响，预测了21世纪的气候变化趋势，综合分析、评价了气候变化及相关国际公约对中国生态、环境、经济和社会发展可能带来的影响，提出了中国应对全球气候变化的立场和原则主张以及相关政策。

编制和发布《气候变化国家评估报告》的意义在于，一是向国际社会进一步表明中国高度重视全球气候变化问题；二是为中国参与全球气候变化的国际事务提供科技支撑；三是为促进国民经济和社会的可持续发展提供科学决策依据；四是为未来中国参与全球气候变化领域的科学研究指出了方向。

由人类活动导致的温室气体排放是近50年来引起全球气候变暖的主要原因。这一结论为国际社会应对气候变化和为《联合国气候变化框架公约》的谈判提供了重要的科学基础，产生了重大影响。

6.5.2 中国应对气候变化的立场

中国应对气候变化的根本立场和基本主张是坚持《联合国气候变化框架公约》《京都议定书》，坚持“共同但有区别的责任”的原则，坚持“巴厘路线图”的授权。

2009年11月26日，中国正式对外宣布控制温室气体排放的行动目标，决定到2020年单位国内生产总值二氧化碳排放量比2005年下降40% ~45%。11月25日，国务院总理温家宝在主持召开的国务院常务会议上还决定将上述目标作为约束性指标，纳入国民经济和社会发展中长期规划，制定相应的国内统计、监测、考核办法；并提出相应的政策措施。

第一，坚持合作应对。气候变化是全球性问题，需要各国联手应对。在气候变化上，帮助别人就是帮助自己，开展合作才能互利共赢。发达国家应该正视自己的历史责任和当前人均排放高的现实，严格履行《京都议定书》确定的减排目标，并在2012年后继续率先减排。发展中国家应该根据自身情况采取相应措施，特别是要注重引进、消化、吸收先进清洁技术，为应对气候变化做出力所能及的贡献。国际社会应该加大对发展中国家的支持，发达国家应该履行对发展中国家的技术转让和资金支持承诺，切实帮助发展中国家提高减缓和适应气候变化能力。

第二，坚持可持续发展。气候变化从根本上说是发展问题，只有在可持续发展的前提下才能妥善解决。应该建立适应可持续发展要求的生产方式和消费方式，优化能源结构，推进产业升级，发展低碳经济，努力建设资源节约型、环境友好型社会，从根本上应对气候变化的挑战。

第三，坚持公约主导地位。《联合国气候变化框架公约》及《京都议定书》奠定了应对气候变化国际合作的法律基础，是最具权威性、普遍性、全面性的国际框架。应该维护公约及议定书作为应对气候变化的核心机制和主渠道地位，将公约确定的原则作为应对气候变化的指导原则。

第四，坚持科技创新。科技是应对气候变化的重要手段。应该加强研发和推广节能技术、环保技术、低碳能源技术，加强人员培训，充分发挥各方积极性，提高共同应对气候变化的能力。

为了有效应对气候变化，中国将坚持科学发展观，贯彻节约资源和保护环境的基本国策，把人与自然和谐发展作为重要理念，促进经济发展与人口资源环境相协调，走生产发展、生活富裕、生态良好的文明发展道路。中国将把可持续发展作为经济社会发展的重要目标，充分发挥科技创新在减缓和适应气候变化中的先导性、基础性作用，开展全民气候变化宣传教育，继续推动并参与国际合作。

6.5.3 中国应对气候变化的措施

中国受气候变化影响的主要领域适应措施包括但不限于：加强农业基础设施建设，选育抗逆农作物品种，发展包括生物技术在内的新技术，强化优势农产品的规模化种植，采用高产、稳产措施，增强农业抗灾能力；加强水利基础设施建设，提高防洪、抗旱、供水能力及其应变能力；继续植树造林，并提高物种对环境变化的适应能力，加大对自然保护区的保护和管理力度，加强森林火灾预防及病虫害的防治；根据气候变化以草定畜，改变超载过牧，避免草场退化，增强草原畜牧业抗灾能力；提高防潮设施的设计标准，强化沿海防潮设施的建设；继续加强致病气象灾害预报，建立预报、监测和监控网络，扩大预防疫区。

从恐龙称霸到人类古文明的消亡，一个重要原因不能忽视，这就是气候变化、环境破坏、生态恶化。地球诞生以来，共出现过五次物种大灭绝。第一次是奥陶纪末期，出现在距今4.4亿年，世界上85%的物种遭到灭绝。第二次是泥盆纪晚期，出现在距今3.6亿年，40%的物种灭绝。第三次是二叠纪末期，出现在距今2.5亿年，超过95%的物种灭绝。第四次是三叠纪末期，出现在距今1.95亿年，76%的物种灭绝，主要是海洋生物。这些物种灭绝，均是因为气候变化。恐龙消亡是第五次物种大灭绝，连同恐龙在内，75%～80%的生物不复存在，研究的结果，还是因为气候变化。大自然提示人们警醒：良好的自然生态环境，是人类生存的美好家园。但是，令人揪心的是，人类并没有善待地球。联合国环境规划署发布的统计数字，从1970年到2006年，脊椎类物种数量平均下降1/3，大多数地区的生态环境继续恶化。农业系统中作物和牲畜的遗传多样性继续减少，自2000年以来，60多种牲畜品种灭绝。

我们都不希望灾难降临到自己的头上，然而事实上，这一次越走越快的新一轮生物大灭绝，正是人类自己导演的，这是同以往五次生物大灭绝的本质区别。大自然已经亮出了黄牌，人们再不可掉以轻心了。

结语

人与自然的关系是鱼与水的关系，古往今来人类始终关注着这一问题，而其中最重要的就是地球气候变化对人类活动的影响。伴随世界经济迅速发展和人口爆炸性增长，导致资源过度开发，能源需求量激增，使得全球性的资源匮乏，环境遭到污染，生态失去平衡。大气中的二氧化碳、甲烷、一氧化碳等温室气体含量猛增，引发了诸如气候变暖、江河湖海污染等诸多环境问题，一些极端事件诸如异常酷热、寒冷、干旱、洪涝等灾害时有发生。人类活动直接或间接地影响着地球的气温不断上升，气温的上升带给人类的将是部分动植物灭绝、冰川融化等，然后又反过来威胁着人类的生存。

面对日益严峻的环境问题，科学家在20世纪70年代就开始了人类对地球环境影响的研究，进行着地球环境变化的探索。首先是建立和发展由空间遥感和地面（海面）观测站网组成的全球监测系统，其次是形成和发展地球系统和地球系统科学的新概念，接着就是探索地球系统模式的建立，进行全球环境可预测能力的研究，探索和发展新一代环境工程学，组建了以全球环境变化预测为目标的国际研究计划。

20世纪80年代以来，气候变化受到国际科学界和大多数国家的高度关注和重视。以卫星遥感技术为主的高技术手段对气候系统五大圈层的监测更加精细、准确，基于多源资料融合的高质量气候数据集中应用于气候业务；多圈层耦合的高分辨率气候模式成为推进气候业务发展的核心技术手段，区域气候模式得到普遍应用，以气候模式产品解释应用结合统计技术成为气候预测的主要手段，基于多模式的气候异常概率预测逐渐成为国际主流。气候和气候变化影响评估向定量化方向发展，气象灾害风险管理受到重视，气象灾害风险区划和风险评估技术逐步成熟；2009 年世界气象组织制定了“全球气候服务框架”，支持多学科交叉、跨行业合作气候信息服务。

气候变化是一个典型的全球尺度的环境问题，对各国经济和社会发展产生的影响越来越明显。中国应从可持续发展战略高度，充分认识全球气候变化问题的重要性，控制人口增长，提高公众保护全球气候的意识，制定应对全球气候变化可持续发展的短、中、长期战略。作为中国的每一位公民，无论是从全球人类的繁衍，还是从国家民族的兴旺繁荣，以及个人和子孙万代的幸福生活，都应该把维护地球生态平衡、保护地球环境视为己任，高度重视对全球环境质量，自觉爱护人类的家园地球。人类只有与自然环境达到和谐相处，人类社会才能实现可持续发展。

中国是一个发展中国家。要实现经济和社会发展，发达国家要求中国承担温室气体限控的压力会越来越大，这就对中国现有发展和消费模式提出了严峻的挑战。中国必须转变发展观念和发展方式，当前应注重开发绿色自然资源，大力开发风能、太阳能、水利能源等这些绿色的自然资源，最大限度地减缓温室气体排放和减少大气污染，获得先进的节能与新能源技术，推进中国可持续发展战略的有效实施。

参考文献

[1] 秦大河，丁一汇，毛耀顺，等．气候系统变化与人类活动［M］．北京：气象出版社，2009.

[2] 孙照勃，陈海山，谭桂荣，等．短期气候预测基础［M］．北京：气象出版社，2010.

[3] 自然之友．20世纪环境警示录［M］．北京：华夏出版社，2001.

[4] 集体编著．第二次气候变化国家评估报告［M］．北京：科学出版社，2011.

[5] 帕迪利亚．科学探索者——天气与气候［M］．胡跃明，曹增节，译．杭州：浙江教育出版社，2010.

[6] 姜如海，刘同进．气象文化与民俗［M］．北京：气象出版社，2008.

[7] 中国可持续发展研究会，中央电视台《绿色空间》．追踪变化的气候［M］．北京：人民邮电出版社，2010.

[8]（法）帕斯卡尔·阿科特．气候的历史——从宇宙大爆炸到气候灾难［M］．上海：学林出版社，2011.

[9]（日）田家康．气候文明史——改变世界的8万年气候变迁［M］．北京：东方出版社，2012.

[10]（美）比尔·布莱森．万物简史［M］．昆明：接力出版社，2005.

[11] 温克刚．中国气象史［M］．北京：气象出版社，2004.

[12] 中国国家地理地图编委会．中国国家地理地图（简明版）［M］．北京：中国大百科全书出版社，2011.

[13] 世界国家地理地图编委会．世界国家地理地图（简明版）［M］．北京：中国大百科全书出版社，2011.

[14] 中国出版集团．走进大自然丛书：变幻莫测的气候［M］．北京：世界图书

出版公司，2010.

[15] 张存．太阳活动世纪周期与新乡地区旱涝阶段的关系［J］．气象，1981（7）．

[16] 孙安健．世界气候［M］．北京：气象出版社，1986.

[17] 林之光．中国气候［M］．北京：气象出版社，1987.

[18] 翟文明．地理常识全知道［M］．北京：中国华侨出版社，2011.

[19] 威廉·伯勒斯．21 世纪的气候［M］．秦大河，丁一汇，译．北京：气象出版社，2007.

[20] 张海峰．云天探秘［M］．北京：气象出版社，2007.

[21] 林之光．气象万千［M］．长沙，湖南教育出版社，1999.

[22] 中国气象学会．气象知识［J］，2007（1）－2008（6）．

[23] 中国气象局公共气象服务中心．中国气象学会［J］．气象知识，2009（1）－2012（6）．

[24] 刘世俊．中国古代气象史稿［M］．重庆：重庆出版社，1992.

[25] 翟盘茂，李茂松，高学杰，等．气候变化与灾害［M］．北京：气象出版社，2009.

[26] 莫杰，李绍全．地球科学探索［M］．北京：海洋出版社，2007.

[27] 秦大河．全球变化热门话题丛书［M］．北京：气象出版社，2003.

[28] 百度．气候．http：//www. baidu. com/.

后 记

《缤纷气候》是《科普通鉴》26 卷之一，其姊妹篇是《多姿气象》。

在编写过程中，得到了中国气象局科学技术协会的指导和大力支持，得到了河南省气象局各级领导和各处室的积极协助，在此表示感谢！同时，参考或引用了相关文献的资料、数据、图片，在此一并对这些作者们表示感谢！